［意］皮耶尔乔治·奥迪弗雷迪(**Piergiorgio Odifreddi**)　著

胡作玄　胡俊美　于金青　译

数 学 世 纪

——过去100年间30个重大问题

上海科学技术出版社

图书在版编目（CIP）数据

数学世纪：过去100年间30个重大问题 / （意）皮耶
尔乔治·奥迪弗雷迪（P. Odifreddi）著；胡作玄等译
. -- 上海：上海科学技术出版社，2021.5（2022.8重印）
ISBN 978-7-5478-5332-0

Ⅰ. ①数… Ⅱ. ①皮… ②胡… Ⅲ. ①数学—研究
Ⅳ. ①01-0

中国版本图书馆CIP数据核字(2021)第083014号

Original title：La matematica del Novecento Dagli insiemi alla complessità by
Piergiorgio Odifreddi © 2000, 2011 and 2017 Giulio Einaudi editore s.p.a., Torino
上海市版权局著作权合同登记号 图字:09 - 2020 - 1025 号

数学世纪——过去 100 年间 30 个重大问题
[意] 皮耶尔乔治·奥迪弗雷迪（Piergiorgio Odifreddi） 著
胡作玄 胡俊美 于金青 译

上海世纪出版(集团)有限公司 出版、发行
上海 科 学 技 术 出 版 社
（上海市闵行区号景路 159 弄 A 座 9F–10F）
邮政编码 201101   www.sstp.cn
上海雅昌艺术印刷有限公司印刷
开本 787×1092   1/16   印张 12.75
字数 150 千字
2021 年 5 月第 1 版   2022 年 8 月第 2 次印刷
ISBN 978 - 7 - 5478 - 5332 - 0/N·219
定价：48.00 元

献给劳拉

她给予我时间和空间

带给我欢乐和平和

译者序

　　《数学世纪》的意大利文原版是在 2000 年,也就是 20 世纪最后一年出版的。正如原版书名《20 世纪的数学》(*La matematica del Novecento*) 明确指出的,论述整个 20 世纪的数学。20 世纪的数学比起 1900 年以前的数学来有着显著的不同,我们不妨以"博大精深"来概括。从文献数量来讲,20 世纪的数学专著及论文数约为 1900 年以前的 50 倍到 100 倍。当然这不是最主要的,最主要的是新兴领域及学科的建立与发展以及许多经典问题的解决;同时大量新的更有意义的问题的引入,为整个数学带来前所未有的活力。

　　1900 年左右,我们还可以看到掌握几乎全部数学的大数学家,例如庞加莱(H. Poincaré) 和希尔伯特(D. Hilbert),而一般数学家则大都"术业有专攻",他们或是纯粹数学家或是应用数学家,或是几何学家或是分析学家,而数论专家及代数学家则很少。到 20 世纪初,数学主要分为四块:数论、代数、几何、分析。后两块占主要部分。1900 年以后,由于集合论的引入,产生出数理逻辑与结构数学两大新兴领域,这也由原版的副标题"从集合到复杂性"(*Dagli insiemi alla complessitá*) 所显示。复杂性受到重视,显然由于本书作者就是位逻辑学家;而由布尔巴基学派所倡导的结构数学则是 20 世纪数学的主流及核心,其中包括抽象代数学、一般拓扑学、泛函分析、测度及积分理论,以及前沿的代数拓扑学、微分拓扑学、代数几何学及李群李代数理论等。不过,布尔巴基在给数学带来新鲜血液的同时,也忽略了许多重要的、特别是与计算机应用密切相关的领域,如计算数学、计算机数学、概率论、数理统计以及数学物理和离散数学、运筹优化等重要分支。显然,在一本小书中全面顾及这些领域是十分困难的。幸运的是,本书在以布尔巴基为主线的纯粹数学与应用数学、计算数学两方面取得适当的平衡。由于作者的逻辑专业,他在逻辑方面加了相当重要的材料,包括第1章的前言的概括,的确使本书生色不少。与此相对,一些艰深的数学远远超出一般读者甚至数学专业读者的理解,忍痛割爱也在所难免。作为补充,有兴趣的读者可参看国内外有关布尔巴基的论述。

数学,正如其他任何科学一样,除了建立理论之外,解决大问题是进展的标志。无疑,问题推动数学进步,数学理论与方法的进步也促使许多历史遗留的大问题逐步得到解决,况且,数学永远有研究不完的大小问题,这也是数学能永葆青春的保证。对20世纪来讲,希尔伯特在1900年提出的23个问题有相当重要的意义,本书也把一些问题的解决列入其中。

时至今日,数学中已解决的问题和尚未解决的问题非常之多。在本书的最后一章,作者举出他认为当时还没有解决的四大问题:古希腊时期的完美数问题,19世纪的黎曼假设,20世纪初提出的庞加莱猜想以及20世纪70年代提出的P=NP问题。除了老掉牙的完美数问题之外,另外三个问题也是克莱(Clay)数学研究所在2000年提出的七个"千年问题"中的三个。所谓英雄所见略同,而这无疑反映了数学界关注的焦点。当然作者也考虑到这三个问题能够为有一定数学知识的人所理解,尽管其解决对于数学家来讲是莫大的挑战。当然,大量数学问题是一般人甚至隔行的数学家也难以理解的。它们的重要性只能为少数大家及专家体会,在一本带有普及性的著作中,不得不一笔带过或者根本略而不谈。即使是一般读者能够理解的数学问题(约占全部问题的1%到2%)经过许多数学家经年累月的努力,在20世纪也交了一份相当令人满意的答卷。已经解决的问题有:17世纪提出的开普勒猜想和费马大定理、19世纪提出的极小曲面问题和四色猜想、1900年希尔伯特提出的超越数问题(第七问题)和晶体群问题

（第十八问题）都在 20 世纪得到解决，并且写进这本书。20 世纪初，庞加莱提出的庞加莱猜想，连同瑟斯顿（W. Thurston）的几何化猜想，在 21 世纪初得到了光辉的、完满的解决。俄国数学家佩雷尔曼（G. Perelman）最终在 2010 年获得为七个"千年难题"而设置的百万美元大奖（不过据说他拒领）。当然，方法之难也只有少数大家及专家能够掌握。

为了让读者能够体会一点 20 世纪数学的味道，作者采取一个好办法，就是宣告某某数学家获得国际数学大奖。众所周知，数学没有诺贝尔奖，而国际公认的数学大奖也少得可怜，在 20 世纪中后期，只有两项国际大奖为人称道，一项是从 1936 年起每四年召开一次的国际数学家大会上颁发的菲尔兹（Fields）奖，它是奖给 40 岁以下的年轻数学家的，到 2014 年，共有 56 位数学家获奖。另一项是沃尔夫（Wolf）数学奖，它从 1978 年起几乎每年颁发，它像诺贝尔奖一样，没有年龄限制，带有终身成就奖的味道。到 2015 年，正好也有 56 位大数学家获此殊荣。这些获奖者无疑代表着 20 世纪下半叶数学的最高成就。因此，书中也介绍了其中一些获奖者的成就，例如科恩（P. Cohen）的独立性定理（本书 2.10 节）、托姆（R. Thom）的奇点理论（本书 2.11 节）、柯尔莫哥洛夫（A. N. Kolmogorov）的概率论公理化（本书 3.5 节）等。这两个奖多是奖给纯粹数学方面的。21 世纪传来大好消息，挪威政府出资设立阿贝尔（Abel）奖。其奖金与诺贝尔奖相当，奖给当代最著名的数学家。阿贝尔奖从 2003 年起每年颁发，至 2014 年，共有 14 位大数学家获奖。首位获奖者是法国数学家塞尔（J. P. Serre），他是第一位三冠王，之前他也获得菲尔兹奖和沃尔夫奖。他获得菲尔兹奖时还不满 28 周岁，这项纪录至今无人打破。他的工作可谓"博大精深"，不过只能在本书中一带而过。

布尔巴基学派虽然大大扩充了纯粹数学领域，但对于一些经典数学领域，特别是应用数学及与计算机有关的领域重视不够。而 20 世纪的数学特点正是纯粹数学与应用数学再度结合，它们的结合对双方都起着促进作用，特别是 20 世纪末的数学物理学。不过，这些领域比数学和物理的专门分支反而更加艰深。本书的一大特点就是专门论述前期的应用数学。例如数学与相对论和量子力学平行发展,对读者会有很大启发。

20世纪科技方面最伟大的成就当属电子计算机,它可以看成数学与电子学的结合的产物,同时给数学提出大量理论问题。它们对未来社会的发展至关重要,其中许多分支已进入寻常百姓家,如混沌理论(本书4.3节)、分形理论(本书4.5节)等。

正如英译本的副标题"过去100年间30个重大问题"所明示的,本书论述了20世纪数学中30项成就,纯粹数学(第2章)15项,应用数学(第3章)10项,加上与计算机有关的5项,总共15项,使得读者对于庞大的数学领域能有一个初步但全面的认识。尽管每一节读懂都并非易事。第1章基础虽在全书最前面,却是点睛之笔。读者读完全书之后,如能回来重读基础这章,对于数学的认识也许会有提高。而读者如果想要获得更宽广的眼界,建议读戴森(F. Dyson)的前言,他本人是沃尔夫物理学奖的获得者,对数学也很内行,尽管如他所说,物理学家和数学家看待数学的角度有所不同。其实,书中许多应用数学方面的成就,也使他们获得诺贝尔物理学奖或经济学奖、沃尔夫物理学奖以及图灵奖。而这正恰当地反映出在21世纪数学必将大有可为!

胡作玄

前 言

17 世纪初,两位大哲学家,英国的培根(F. Bacon)和法国的笛卡儿 (R. Descartes) 宣告近代科学的诞生。他们每位都描绘他们自己对未来的图景,而他们的图景是十分不同的。培根说:"一切都依赖于我们把眼睛紧盯在自然界的事实之上。"笛卡儿说:"我思故我在。"按照培根的想法,科学家应该周游世界来搜集事实,直到积累起来的事实揭示出大自然是如何运作的。然后科学家会从这些事实中归纳出自然界所服从的规律。而按照笛卡儿的想法,科学家应该待在家里冥思苦想来演绎出自然界的规律。为了正确地演绎出自然界的规律,科学家只需要逻辑规则与上帝存在的指示。从培根与笛卡儿开辟道路以来,四百年间,科学就是同时遵循这两条道路快速进步的。无论是培根的经验主义还是笛卡儿的教条主义本身都不具有阐释自然界秘密的能力,但两者结合在一起则已经取得惊人的成功。四百年间,英国科学家倾向于成为培根派,而法国科学家则倾向于成为笛卡儿派。

法拉第(M. Faraday)、达尔文(C. Darwin)、卢瑟福(E. Rutherford)都是培根派;帕斯卡(B. Pascal)、拉普拉斯(P. S. de Laplace)、庞加莱则是笛卡儿派。科学就是由于这两种对立的民族文化的相互交流而大大丰富起来。两种文化也总是在两个国家中起作用。牛顿从本质上讲是笛卡儿派,他同笛卡儿企图那样运用纯粹思维,并用它击溃笛卡儿的涡旋理论。居里夫人(M. Curie)从本质上是培根派,她熬煮成吨的粗铀矿石来驳倒原子不可破坏的教条。

奥迪弗雷迪(P. Odifreddi)干成了一项出色的工作,在一本简短而又可读的书中讲述了 20 世纪的数学故事。我对奥迪弗雷迪的论述仅有的不满意的地方在于,从我的口味来看,它有点太笛卡儿式了。他论述数学史比我想象的更有条理,更有逻辑性。我正好是培根派,而奥迪弗雷迪则是笛卡儿派。在历史事实方面我们是没有分歧的,我们的分歧只是在于应当强调的重点所在。本书是奥迪弗雷迪对真理的描述,而我的描述则会多少有些不同。

对 20 世纪数学来讲,笛卡儿式的描述中有两个决定性的事件。第一个是 1900 年在巴黎举行的国际数学家大会,会上希尔伯特给出主旨演讲,他通过提出著名的 23 个未解决问题为即将到来的世纪的数学绘制出路线图。第二个决定性的事件是 20 世纪 30 年代法国的数学家结成布尔巴基(Bourbaki)的数学家小组,致力于出版一系列教科书,为的是给整个数学建立一个统一框架。希尔伯特问题在引导数学研究走向富有成果的方向上取得巨大成功。其中一些问题已经得到解决,还有一些仍未解决,但几乎所有问题都激发起数学的新思想和新领域的快速产生和发展。布尔巴基的计划同样具有巨大影响力,它改变其后 50 年数学的风范,给数学加上逻辑的协调性,而这在先前并不存在,同时把数学的重点由具体的实例移向抽象的一般性。在布尔巴基的事务体系中,数学无非是包含在布尔巴基的教科书中的抽象结构,而不在教科书中出现的就不是数学。具体的例子,因为它不出现在教科书中,就不是数学。布尔巴基的计划就是笛卡儿的数学风格的极端表现,它把数学领域大大缩窄,排除掉培根派的旅游者在路旁可能采撷到的所有美丽的花朵。幸运的是,奥迪弗雷迪不是一位极端的笛卡儿派,他容许许多具体的例子出现在他的书中。他收进来的美丽的花朵包括零散的有限群以及欧氏空间中的球的堆积。他甚至还在纯粹数学的例子之外同样加进一些应用数学的例子。他描述菲尔兹奖,这是在每四年一次召开的国际数学家大会上给解决具体问题的或者创造新的抽象思想的年轻人的奖项。

我作为培根派,感到这本书的主要缺失之处是令人惊奇的要素。当我看数学史时,我见到一连串的不合逻辑的跃变、不太可能的巧合以及自然界的玩笑。自然界的最深刻的玩笑就是−1 的平方根。物理学家薛定谔(E. Schrödinger)把它纳入他 1926 年提出的波动方程当中,而奥迪弗雷迪在书中第 3 章第 4 节中讨论量子力学的时刻就连提也没提到。薛定谔方程正确地描绘我们已知的关于原子行为的所有事情。它是全部化学以及大部分物理学的基础。−1 的平方根就意味着自然界是用复数而不是实数运作。这个发现对薛定谔也如同对所有其他的人一样令人十分意外。据薛定谔讲,他的 14 岁的女朋友荣格(I. Junger)对他说:"嘿,当你开始研究时,你甚至从来也没有想到,从这当中会出现如此多的合理的内容。"整个 19 世纪,数学家从阿贝尔(N. Abel)到黎曼(B. Riemann)到魏尔斯特拉斯(K. Weierstrass)已经创造出一个宏伟的复变函数论。他们已经发现,当函数论从实数推广到复数时,就变得更为深刻,更加有力。但他们也总是把复数看成一个人工构造出的产物,只是实际生活中有用的和漂亮的抽象。他们从来也没有想到,这个由他们发明的人造的数系实际上是原子活动的场所。他们从来没有想象到,自然界首先在这个地方取得成功。

自然界的另一个玩笑是量子力学的精密的线性性,这个事实就是任何物理对象的可能状态形成一个线性空间。在量子力学发明之前,经典物理学总是非线性,而线性模型只是近似成立。量子力学出现之后,自然界本身突然变成线性的。这对数学产生深刻的后果。在 19 世纪,李(S. Lie)发展了他的关于连续群的复杂理论,为的是阐明经典动力学系统的行为。当时,无论是数学家还是物理学家对李群都没有什么兴趣。这个非线性理论对于数学家太复杂,对于物理学家太费解,李去世时十分沮丧。然而,50年之后,结果发现自然是精确线性的,李代数的线性表示理论成为粒子物理的自然语言。李群与李代数作为 20 世纪数学的中心主题获得重生。这在奥迪弗雷迪书中第 2 章第 12 节中有所讨论。

自然界的第三个玩笑是拟晶的存在,奥迪弗雷迪在第 3 章开头对此进行了简短讨论。在 19 世纪,晶体的研究导致欧氏空间中可能的离散对称群的完全列举。定理得到证明,也就是建立这样的事实:三维空间中离散对称群只可能包含三、四或六阶旋转。而在 1984 年发现了拟晶,这是由液体金属合金中产生出的真实固体,它有二十面体对称群,其中包括五重的旋转。大约同时,数学家彭罗斯(R. Penrose)发现平面的彭罗斯铺砌。这是一种平行四边形排列,它覆盖全平面,具有长程的五角形序列。三维的合金的拟晶就相当于二维的彭罗斯铺砌。在这些发现之后,数学家必须推广晶体群的理论以便把拟晶纳入其中。这是一个主要的研究计划,它仍在进行当中。

最后,我要提到我钟爱的培根式的梦想,寻找一维拟晶理论以及黎曼 ζ 函数理论之间的可能联系。一维拟晶无需有任何对称性。它可以简单定义为在一条直线上质点的非周期排列,它的傅里叶变换也是一条直线上质点的一种排列。由于缺少对对称性的要求,一维拟晶比起在二维或三维的拟晶来有更大的自由度。一维拟晶可能有多丰富,我们几乎一无所知。同样,关于黎曼 ζ 函数的零点(奥迪弗雷迪在第 5 章第 2 节讲述),我们也所知不多。黎曼假设是说,除了平凡的例外之外,所有 ζ 函数的零点都在复平面的某一条直线上。这是 1859 年由黎曼作出的猜想,也是整个数学最著名的未解决问题。我们所知的一个事实是,如果黎曼假设成立,则在临界直线上的 ζ 函数的零点按照定义是一个拟晶。假如黎曼假设成立,ζ 函数的零点具有一个傅里叶变换,它由在所有素数幂的对数处的质点构成,而不含别处的质点。这就提供了证明黎曼假设的一个可能方法。首先,你对所有一维拟晶进行完全分类,列出表来。对新品种的对象进行收集和分类是培根式活动的完美典范。然后,你浏览这个表,看看其中是否有 ζ 函数的零点,如果有 ζ 函数的零点,则你就证明了黎曼假设,那你就只要等到下一届国际数学家大会来领取你的菲尔兹奖章。当然,这个方法最困难的部分是收集并分类拟晶,这只能作为一个练习留给读者。

弗里曼・戴森(Freeman Dyson)
美国新泽西州,普林斯顿高等研究院

致 谢

感谢哈伯德(J. Hubbard)和卡恩(P. Kahn)给了我最初的灵感,感谢巴尔托奇(C. Bartocci)、博诺托(C. Bonotto)、博塔齐尼(U. Bottazzini)、坎托尼(L. Cantoni)、科利诺(A. Collino)、德阿尔法罗(V. De Alfaro)、迪谢诺(S. Di Sieno)、埃默(M. Emmer)、贾卡尔迪(L. Giacardi)、洛利(G. Lolli)、马塔洛尼(C. Mataloni)、莫罗(A. Moro)、潘科内西(A. Panconesi)、雷吉(T. Regge)和瓦拉布雷加(P. Valabrega)在整个创作和最后的修订过程中的帮助。

目 录

导　论

　　自然科学和物理科学所描绘的世界是具体的,可以感知的,通过感知 1
达到一级近似,通过技术提供的各种感知达到二级近似。数学所描述的世
界则是个抽象世界,它由理念构成,只能通过心灵的眼睛来感知。然而,随
着时间的流逝以及人类的实践,像数和点这些抽象概念却获得足够的客观
性,以至于甚至能够让普通人以十分具体的方式来描绘它们,就像它们属
于一个对象世界,如同物理世界的东西那样具体。

　　不过,近代科学逐渐削弱对外在世界的素朴的直观。科学研究已经把
范围扩充到从宇宙的广袤乃至粒子的无穷小领域,使得我们对星系及原子
的直接感知成为不可能(或者说,即使可能通过技术手段也是间接的感
知)。这样就把它们实际上归结为数学的表示。同样,近代数学把它的研
究探索领域扩张到极为罕见的抽象结构以及对其基础的非常彻底的分析,
这样就使得自己完全摆脱掉任何可能的可视化。

　　因此,20 世纪的科学与数学存在一个共同的困难,那就是用经典的概
念来解释它们的成就。但是,这些困难能够被克服:往往只是那些肤浅以 2
及没什么用的抽象难于验证,而深刻的、富有成果的抽象则植根于具体的
问题和直觉当中。换言之,一个好的抽象本身从来不是目的,也不是为研
究而研究的概念,而是一种必需,是对人生的创造。

　　任何企图纵览 20 世纪科学和数学的第二个困难就是出版物的爆炸。
数学家,一度是极少数的一些人,他们常常不得不从事其他行业来养活自

己,现在已经形成大规模的军团。他们生存就是靠生产研究成果,这些成果往往既没有什么意思,也没有经过验证。绝大多数数学家在大学圈子中工作,而大学却非常不明智地鼓励他们"发表文章或者完蛋"(这是一句令人遗憾的美国格言)。所有这些的后果就是,现在有成百上千的学术期刊,年复一年地发表几十万条定理,而其中大多数确实没什么意义。

第三类困难是由于从 18 世纪以来数学的解体,到了 20 世纪已经成了病态的现象。出版物的爆炸是原因之一,但肯定不是唯一的原因。另外一个原因,或许是更为重要的原因是数学知识本身的进步。简单又容易解决的问题不多,因此一旦问题已经解决,一门学科只有靠对付更复杂、更困难的问题才能得到发展,这就需要研究出专门的技巧,其结果就产生出专业化。这就是 20 世纪实实在在出现的情况,数学出现了超级专业化,结果数学划分为越来越窄的子领域,它们之间又有严格划定的边界。

这些子领域、子学科大多数不过是干瘪的、萎缩的细枝,在时空当中也没得到什么发展,最后自然而然地走向死亡。但是,健康而繁茂的枝权还是不少,它们的生长在数学史上产生出独一无二的局面:全能数学家是那些具有突出优秀文化的个人,他们能完全主导他们时代的整个数学领域。这个品种最后一个样本是约翰·冯·诺伊曼(John von Neumann),他在1957 年去世。

出于所有这些原因,提供这样一门学科的完整论述,从体力上来讲不太可能,从智力上来讲也无必要。这样一门学科明显地具有当前工业社会的典型特色,这就是用低成本过度生产低质量商品,生产完全靠惯性、按照污染及饱和的机制进行,对于环境和消费者都是有害的。

因此,任何对 20 世纪数学的论述面临的主要问题是,用圣经寓言来讲,就是分开小麦和谷壳,把谷壳烧掉,把小麦运到仓库里。可是引导我们选择结果的准则有许多,而且不是十分明确一致的,其中包括:对这个问题的历史兴趣,一个结果有开创性或者终结性,命题或者所用的技巧的内在的美,证明的新颖性或困难,数学的推论或者应用的实际效用,潜在的哲学意义等。

我们提供给读者的选择,无论就积极方面还是消极方面来讲,只能是主观的。一方面,这种选择必须在个人知识的范围之内,从更一般的观点来看,不可避免有局限性。另一方面,这种选取必然来自受到作者所偏爱的口味的影响。

然而,我们可以试图遵循使准则与某种意义下"客观的"准则相符合的方法,使选择的主观性极小化。在现在的情况下,我们的工作可以通过两个互补的因素而变得容易。这两个因素标志着整个世纪数学的发展。这两个因素,如下所示,都与国际数学家大会有关。正如国际奥林匹克运动会一样,数学家大会每四年举行一次,而被大会邀请作工作报告的人都是数学共同体认为的数学家中最杰出的代表。 4

第一次正式的大会于 1897 年在苏黎世举行,庞加莱作开幕演说,他讲的主题是数学与物理学之间的联系。巴黎作为东道主举办 1900 年第二次大会,这次选希尔伯特致开幕词。在之后的演讲中希尔伯特充满了对庞加莱演说的回应,但是希尔伯特还是选择"给下世纪的数学指明可能的方向"。

在鼓舞人心的演讲中,希尔伯特首先给出某些隐含的线索,它们将引导我们选择主题:重要的结果是那些显示出同过去保持历史连续性的课题,是把数学不同方面联系在一起的课题,是对老知识给出新的理解的课题,是引进深刻的简化的课题,而不是搞一些人为的复杂化的问题,它们应能容纳有意义的例子或者是那些得到很好理解以至可以给大街上的路人解释清楚的课题。

但是希尔伯特的演讲之所以著名首先是由于他明确提出 23 个尚未解决的问题,这些问题他认为在新世纪中对数学发展史至关重要。仿佛是证实他清楚明白的预见,这些问题中的确有许多是富有成果而且激动人心的,特别是在 20 世纪上半叶,我们在本书中会对其中一些进行更细致的讨论。在 20 世纪后半叶,由希尔伯特问题而来的推动力逐渐消退,数学常常沿着在 20 世纪初甚至还不存在的道路前进。

5　　　为了引导我们研究这个时期的数学,我们把注意力转向 1936 年创立的奖项。这个奖在国际数学家大会上颁发给 40 岁以下的数学家,他们在前几年获得最重要的结果,如果这最重要的成果,事实上是在数学家的年轻时代得到的话,年龄的限制也不是特别严格,正如哥弗雷·哈代(Godfrey Hardy)在《一位数学家的辩白》中所说:"数学家永远不能忘记,数学比起任何其他艺术或科学来,更是年轻人的游戏。"

图 1　菲尔兹奖章

这个奖项的设立是为了纪念约翰·查尔斯·菲尔兹(John Charles Fields),这位数学家提出这个想法并获得必需的资金。这个奖项包含一枚奖章,其上刻有阿基米德的头像以及铭文"超越人类的局限去掌控宇宙"(Transire suum pectus mundoque potiri)(图 1)。正是由于这个原因,这个奖项现在称为菲尔兹奖章。

这个奖项被认为相当于诺贝尔数学奖,因为不存在诺贝尔数学奖。在数学界的确流传着一个故事,说诺贝尔奖没设数学奖是因为阿尔弗雷德·诺贝尔(Alfred Nobel)想方设法不让瑞典数学家古斯塔·米塔格-莱夫勒

6　(Gösta Mittag-Leffler)得到它。事实上他们两人互不认识,米塔格-莱夫勒也肯定不是传说所谓诺贝尔妻子的情人,因为诺贝尔根本没有结婚。诺贝尔不设数学奖的真正理由十分简单,他所设立的五个奖(物理学、化学、医学、文学、和平)都是奉献给诺贝尔具有终生兴趣的学科与事业,而数学并不在其中。

　　20 世纪中,共颁发了 42 枚菲尔兹奖章。其中两枚在 1936 年颁发,其余在 1950 年到 1998 年颁发。因为获奖者中有一些 20 世纪后半叶的数学家,而他们的获奖结果也属于当时最高的数学成就,因此我们会常常回到

这个主题。

　　作为菲尔兹奖的补充还有沃尔夫奖,它像电影的奥斯卡奖那样是一个领域的终身成就奖,在 1978 年由里卡多·沃尔夫(Ricardo Wolf)设立。沃尔夫是出生在德国的古巴慈善家,曾在 1961 年到 1973 年任驻以色列大使。与诺贝尔奖一样,沃尔夫奖不受年龄限制,授奖范围涵盖各个领域(物理、化学、医学、农业、数学和艺术),由授奖典礼所在国家的领导人在其首都颁发(如诺贝尔奖由瑞典国王在首都斯德哥尔摩颁发,沃尔夫奖由以色列总统在耶路撒冷颁发),而且还包含一笔不菲的奖金(10 万美元,对比起来,菲尔兹奖为 1 万美元,诺贝尔奖是 100 万美元)。 7

　　为了不引起误解,我想强调,希尔伯特问题的解决以及获得菲尔兹奖和沃尔夫奖的那些成果都只是重要的里程碑式的成果,并不能囊括 20 世纪数学发展的全貌。因此,为了尽可能给出一个完整描述,我们必须超出那些问题的范围,打破由当时数学的广度与深度所造成的种种局限。

　　由于意在强调那些构成数学精髓的重大成果,因此作者不得不以一种大杂烩式的拼贴方式,调整内容时间先后顺序。这使读者基本上能独立阅读书中的每一部分内容,却破坏了全书的整体性。为此读者可以通过二次阅读,在对本书有一个全面了解的基础上,重新审视每一部分内容。

第1章 基 础

8 随着每个人自身的哲学倾向或者个人经验的不同，数学可以被认为是发现的活动或者发明的活动。

  在第一种情形下，数学作为发现的活动，所讨论的抽象概念被认为在理念世界中具有一种真实和独立的存在。理念世界同具体对象的物理世界一样可以看成是实在的。因此要发现就需要一种第六感觉，使得我们能感知抽象对象就像我们的五种感官感知具体对象一样。这种感知的基本问题显然是其外在的真实性（真理），也就是说，对于这种假设的实在有适当的一致意见。

  在第二种情形下，数学作为一种发明活动，衡量数学工作的标准如同衡量艺术作品一样，艺术作品处理虚拟对象，例如小说中的人物或绘画中的表现。因此，发明要求有真正的数学天才，它能使一个人就像艺术天才所具有的品质那样创造虚拟事物。关于这个天才的产品的基本问题是内在的协调性，即把各种组成部分看成一个整体的可能性（用数学词汇讲，即没有矛盾）。

  不管是发现还是发明，数学产生出对象及概念，乍一看，既不是平常见
9 的也不是大家熟悉的，甚至到今天还有一些形容词揭示出来看到某一类数时惊讶或不安的反应：无理的、负的、不尽根的、虚的、复的、超越的、理想的、超实的，如此等。

  从古希腊以来，人们典型的态度就是力图尽可能把这些惊讶和不安极

小化,方法是把数学大厦建立在稳固的基础上。数学史见证一连串的建造和解构时期,在不同的时期,对于什么被认为是基础的东西之间的相互关系往往颠倒过来,而且把不稳定的或者过时的基础换成其他被认为更适合的基础。

公元前 6 世纪,毕达哥拉斯学派用整数和有理数的算术作为数学的基础。引起这个建筑物垮台的裂缝是发现了几何量,它不能表示为两个整数之比,这表明有理数不适于做几何的基础。

公元前 3 世纪,这座数学大厦被欧几里得(Euclid)重新建立在几何的基础之上。整数及其运算失去了它们作为原始对象的作用,被归结成线段及其组合的测度,例如,两个整数的乘积被看成为一个长方形的面积。

17 世纪,雷内·笛卡儿(René Descartes)引进一个新的数的范式,这次是基于现在所谓的分析,也就是实数。几何成为解析的,点和几何对象归结为坐标及方程,例如,直线成为一次方程。

两个世纪之后,数学分析被归结成算术,这个循环又回到原处。实数现在定义为有理数近似值的几何,容许近代数学家采取这个步骤的必不可少的新颖之处在于接受实无穷,而希腊人总是拒绝接受这个概念。

以后我们还要回来讨论所有这些经典的基础。但是建构与解构过程并没有就此终结;事实上,20 世纪也见证了为了争夺数学家的支持的各种各样的选择,从而使 20 世纪成为真正的基础重建时期。新的基础的本质特征在于他们不再基于传统的数学对象,像数、几何对象等之上,而是基于全新的概念之上,正是这些新概念不仅从形式上而且从实质内容上完全改变了数学主体的特征。

1.1 1920 年代：集合

当我们提到实数的基础时，我们已经引进 20 世纪数学的关键词——集合。集合可以用来作为这个数学大厦的基础，这个事实是乔治·康托尔（Georg Cantor）的伟大发现，它是通过研究经典数学分析的问题，利用纯粹数学推理引导到这个发现的。

另外一个方向是和下面的企图有联系。那就是证明数学的概念及对象在最深层的意义下，具有纯逻辑的本性。戈特洛布·弗雷格（Gottlob Frege）也以自己的方式发展出同康托尔的等价的理论，现在被称为素朴集合论。

这个理论只基于两个把集合还原成定义它们的性质的原则。首先是外延性原理（extensionality principle），这已经由戈特弗里德·威廉·莱布尼茨（Gottfried Wilhelm Leibniz）陈述过：一个集合完全由它的元素决定，因此，具有相同元素的两个集合相等。其次是概括原理（comprehension principle）：每一性质决定一个集合，这集合由所有满足这个性质的对象构成；同时，每一个集合被一个性质决定，即它是给定集合的一个对象。

11　　从逻辑的观点看，如此简单、如此基本的两个原理可以成为整个数学的基础，这个发现是数学历史的结果：几何学已经还原为数学分析，数学分析已经还原为算术，现在康托尔及弗雷格证明算术转而还原为集合论，也就是还原为纯粹逻辑。

但这一切太好了以至难以成真，20 世纪头一个发现就是这样一个简单的基础是不协调的，从而"素朴的"这个词有问题。1902 年，伯特兰·罗素

（Bertrand Russell）通过提出所谓罗素悖论的论证证明概括原理是自相矛盾的。

对象的集合基本上可以划分为两种类型,它们可以依据集合是否可以作为一个个体包含在该集合本身之中来区分,也就是说,依据集合是否属于它自身来区分。例如,所有有一个以上元素的集合构成的集合就属于它自身,因为它显然有一个以上元素;而所有只有一个元素的集合构成的集合就不属于它本身,因为它也包含不止一个元素。

现在的问题是:我们把所有不属于自身的集合所构成的集合记作 S,那么 S 是否属于它自身? 如果答案是肯定的,则 S 不能属于哪个不属于自身的集合构成的那个集体,因此,S 不属于 S,也就是 S 不属于自身。假如答案是否定的,则 S 是不属于自身的那些集合中的一个,因此,根据定义,它必然是 S 中的一个元素,从而 S 属于自身。

为了解决,或者更恰当地讲,去除罗素悖论,就要求限制概括原理,并对集合(sets)与类(classes)作出区分。一个集合只是一种类,它是某个其他类的一个元素。因此,所有集合都是类,但不是所有类都是集合,而不是集合的类称为真类。

如果我们企图把罗素的论证应用到所有不属于自身的集合所构成的类 C 上,我们又会大吃一惊。事实上,C 不能属于其自身,因为如果那样的话,它就会是不属于它自身的集合。因此,C 不属于它自身。这样一来,C 不属于其自身,从而或者 C 不是集合,或者它属于自身。因为我们已经刚刚排除掉后一种可能性,因而前者必定成立。换句话说,我们所发现的不是一个悖论,而是下列事实的一个证明,即所有不属于自身的集合构成的类是一个真类。

当然,所有不属于自身的类所构成的类,正如先前一样也会导致矛盾。因此,我们可以把概括原理重新表述,即规定集合的一个性质总决定一个类。但是,在这种新形式下,概括原理失去其大部分优势,因为它只容许我们由集合来定义类,而它们已经必须通过这种或那种方式来定义。

12

只要包含概括原理的自然方法不适用的话，这个问题就没有不费力气又漂亮的解决办法。从而，我们必须放弃分析的，也就是由上而下的方法，转而采用综合的，或由下而上的方法。这可以通过对集合开列一系列存在原理和构造规则来完成，从中可以构造出有用的集合，也就是在实践中需要的所有集合，同时避免有害的集合，也就是会产生出悖论的集合。

第一组公理是 1908 年由恩斯特·策梅洛（Ernst Zermelo）提出来的，他这组公理首先要求至少存在一个集合，这个事实是不可能单独建立在类的概括原理之上的。我们有了这样一个出发点，就能够通过各种运算构造其他的集合，而其可行性则由公理来保证。这些运算是与算术运算相当的集合论运算，例如，取集合的并集、笛卡儿乘积和幂集，它们分别对应求数之和、积以及幂。

然而，上述所有运算不足以保证无穷集合的存在，而这恰恰是把分析还原为算术，即把实数还原为整数的（无穷）集合的必要工具。于是我们还得有一个公理断言无穷集合的存在，例如这样的集合，其元素满足策梅洛理论的所有其他公理，因此，它特别包含一个有限集合的所有相继的幂集。

策梅洛的公理组在 1921 年由亚伯拉罕·弗伦克尔（Abraham Fraenkel）所更新，他加入一个新公理断言，定义在一个集合上的一个函数的值也构成一个集合。因此，这样得到的公理系统被称为策梅洛—弗伦克尔集合论。

这个理论对于应付数学家的日常工作需要似乎是足够的，但这并不意味着总会是这样。例如，在 1960 年代，亚历山大·格罗滕迪克（Alexandre Grothendieck）（后文还要提到他）就要求再加上一个新公理：存在不可达集（inaccessible set），其元素满足策梅洛—弗伦克尔集合论的所有公理，因此，它特别包含无穷集合的所有相继幂集合。

在 20 世纪后半叶，更通常的是加进新公理来保证越来越大的基数即所谓大基数（large cardinals）的存在性。有趣的事实是，这些公理可以使得数学家能够证明关于整数的一些结果，而没有这些公理就不能证明。换句话说,正如在物理学中,在研究大尺度宇宙理论与研究小尺度宇宙的量子理论之间看来存在某种关系,在数学中,在整体的集合理论与数的局部理论之间也存在联系。

无论如何,在哥德尔不完全性定理(后文还要讲到)的基础上,对于集合论,不能表述为一个完全的公理系统,甚至只对于数论也不行。这样一来,对于策梅洛—弗伦克尔公理系统的任何特定的扩张一定是临时性的,在我们对集合概念的理解不断改进的过程中必然要被后来的扩张所取代,但这个过程将永远不会终结。 14

1.2　1940 年代：结构

集合论是 19 世纪归结主义（还原主义）数学概念的顶峰,它通过逻辑分析把几何学归结为分析,把分析归结为算术,把算术归结为逻辑。但是,数学的逻辑分析同文学批评一样带有局限性,文学批评只让专家有兴趣而作者和一般读者对它不感兴趣,而在集合论情形,逻辑分析只对逻辑学家有吸引力,而数学家对它不感兴趣。

在专业数学家眼里,集合论过去具有、现在仍然具有两个明显的不足之处。首先,正如原子理论并不影响日常实物的宏观感知一样,把数学对象还原为集合对数学实践也没什么影响。例如,当我们数数时,并不把自然数想成等势集合（equipotent sets）的类。

再有,即便悖论使逻辑学家感到担忧,可它们在很大程度上被数学家所忽视。数学家一般认为协调性（或不协调性）不是数学本身的问题,而是数学的形式表述的问题,在这个特殊情形下,它是一个集合的理论的问题,而不是它的实践问题。因此策梅洛—弗伦克尔理论可以看成是对一个不相干问题的一种复杂解答。

结果,集合论似乎给职业数学家只带来两个好处;这两个好处都是实质性的,而且不依赖于任何特殊的公理化。一方面,我们有了一个无穷集合的理论,它正如希尔伯特所说"没有人能够把我们从康托尔所创造的天堂里赶出去"。另一方面,我们有了一种十分方便的语言,可以用来表述现代的数学实践中所产生的越来越抽象的概念。

20 世纪 30 年代,一群法国数学家,以集体名称尼古拉·布尔巴基

（Nicolas Bourbaki）而著称，开始以对数学家更有吸引力的方式来建立数学，并在结构分析而非逻辑分析中找到解决的方法。布尔巴基采取一种无穷无尽的、因而永远完不成的计划：写一部大部头的著作来讲述当代数学的现状。它的书名明显地受到欧几里得的启发，称为《数学原理》（*Elements of Mathematics*），其第一卷（的一个分册）于 1939 年出版。

布尔巴基的巨著，正如欧几里得的开创性著作一样，划分成卷，其中前六卷是讨论基础的。从题名可以看出，集合保留着还原的基础作用，因为只有第一卷讨论集合论，其余五卷主要讨论代数学、拓扑学、单实变函数、拓扑向量空间、积分论。

1949 年，布尔巴基在一篇论文中总结了他们的哲学态度，这种态度在当时十分盛行。这篇论文有一个一望而知内情的题目"数学家用的数学基础"（而不是逻辑学家）。在这篇论文中宣告：当代全部数学可以建立在结构概念基础上，而他们正在写的巨著就是以具体的方式证明这个宣告。

结构概念的基本思想可以用一个例子来说明。在集合论中，实数被人为地定义为整数的集合，它们的运算及关系人为地还原为集合之间的运算及关系。但是在布尔巴基的方式中，实数及其运算的关系被认为给定的，而它们的性质以一种抽象的方式来刻画。

从第一种观点来看，描述和与积的性质是一个问题。例如，存在两种单位元，对于和来说是 0，对于积来说是 1，这两种运算是结合的和交换的，逆运算存在（除非用 0 除），积对和满足分配律。这些性质体现在对代数结构的一般研究之上。代数结构最常见的例子有么半群、群、环、域。因而实数是域的一个例子。 16

从第二种观点来看，它更像是描述序关系的性质。例如，任何两个实数可比较，任何给定两个数之间总存在第三个数，实数不存在间隙。这些性质与序结构的一般研究直接相关，并表示为全序性、稠密性、完备性等概念。

最后，从第三种观点来看，我们要描述的不是个别实数的性质，而是它们邻域的性质。例如,实数构成一个没有间隙的集合,每一对实数可以通过开区间分割开来,覆盖整个实数集合必须要有无穷多开区间,这些性质导致对拓扑结构的一般研究,这些性质可以表示为连通性、可分离性以及(非)紧性等概念。

上述三种孤立的观点其实可以结合在一起。例如,和与积的运算即同序结构也同拓扑结构相容,也就是这些运算保持这些结构(除了用负数相乘,这时它造成倒序)。这些性质属于对有序代数结构及拓扑代数结构的一般研究,其中运算分别与序结构和拓扑结构相容。因此,实数提供一个有序域同时也是拓扑域的例子。

17 在布尔巴基之前,结构已经存在,但是他们工作的意义在于结构可以用来作为数学的一个基础。这种方法获得巨大成功,因为相当少数的母结构就可以用最为有效的方式讨论大量有趣的情形。今天,布尔巴基的影响在现代对数学的学科划分上,数学不再划分为经典的算术、代数、分析和几何,而是划分成大量的杂交产物,例如拓扑代数或代数几何。

但是,布尔巴基主义的优越性不只在实用的方面。从理论的观点看,也推动集合论方法的进展。我们搁置裸集合以及其间函数的研究,而具有结构的集合以及保持这些结构的函数成为新的关注焦点,它们不那么带有人为制造或剧烈抽象的特点,从而使我们更能掌握数学对象的本质。

1.3　1960 年代：范畴

虽说对于大部分数学来说,集合论基础以及布尔巴基主义的基础是相当令人满意的,但在某些领域中,集合和结构的概念仍然显得太受限制,需要进行推广。正如我们已经提到过的,格罗滕迪克必须要引入一个不可达集,因此他必须考虑满足策梅洛—弗伦克尔集合论公理的所有集合,但是需要扩张结构的方法不仅具有实用的目的,而且还是理论考虑的结果。

虽说这个过程从一个具体例子比如说实数出发导出一个抽象结构,比如说拓扑域,它的确保留了例子中的一些重要性质,但是也丢掉了许多性质。只有在例外情形之下,一个结构本质上只容许一个例子,也就是使这个结构能够完备描述的例子。但是,当一个结构像常见的那样容许许许多多完全不同的例子,我们专注于它的多种实现的共同特色上,那就会使它们的个体特征模糊不清。　18

掌握各种各样例子的一个方法在于把抽象过程倒过来考虑,即某一类型的结构的所有可能的例子的类,再加上保持这种结构的所有函数。这样,我们就得到范畴的概念,它是在 1945 年由塞缪尔·艾伦贝格(Samuel Eilenberg)和桑德斯·麦克莱恩(Saunders MacLane)引进的。他们的工作是布尔巴基的自然补充,艾伦贝格是布尔巴基小组成员,事实上,他是布尔巴基历史上唯一的非法国人成员(艾伦贝格 1986 年获得沃尔夫奖)。*

由于范畴的概念被认为是结构概念的一个特殊情形,于是要求一种新的抽

---

* 此说法有误,布尔巴基另有几位非法国人成员。——译者注

象化的努力,也就是,确定从各种各样结构类型所得到的具有共性的范畴的例子。乍一看,这些例子的极端多样性提示它们可能没有什么共同之处,艾伦贝格和麦克莱恩的惊人发现在于它们具有一些本质的共性:它们由集合的类加上一些函数构成,函数可以合成并满足结合律,而且函数中有单位函数。

下面一个见解同样令人吃惊,因为函数自动地带有它们的自变量集合同时又有值的集合,因此没有必要把这些集合明显地提出来。这样一来,这个方法就免除素朴集合论的残迹,因为这些残迹已经出现在具有结构的集合的概念中。这样一来,范畴就成为另一个可供选择的而且完全独立自足的数学基础,这个基础不再建立在集合及其所属关系的基础之上,而是建立在函数集合及合成的基础之上。

既然集合及其函数是范畴的一个特例,为了把整个集合论还原为范畴论就只要用范畴论的词汇来刻画性质就够了,这种刻画是 1964 年由威廉·拉韦尔(William Lawvere)发现的。具有讽刺意味的是它构成逻辑分析的下一步。正如整个 19 世纪数学已经用集合论的概念来重新表示一样,这些概念本身现在再一次用范畴的术语重新表述。

这样一来,范畴论成为数学的全局的、统一的基础,它既包含策梅洛-弗伦克尔的集合为其特例,也包含布尔巴基的结构为其特例。这种事态推动进一步的抽象过程。正如集合之间彼此通过函数相关联一样,同样类型的结构可以同样被保持结构的函数相关联,这类函数称为态射(morphisms)。我们还可能通过保持范畴性质的函数把范畴与范畴联系在一起,这种函数就是所谓的函子(functors)。

因为集合及其函数或者结构及其态射都形成范畴,我们可能就会想说,范畴及其函子构成所有范畴的范畴。不过,这存在一个问题。从集合论的观点来看,许多范畴是真类,因此,不能成为其他类的成员,特别是不能成为另外范畴的个体。

对这问题第一个解决的办法是把注意力限制在所谓小范畴上面,也就是那些是集合的范畴。由此我们就得到小范畴的范畴,它是所有集合的类的概念的推广。这个范畴包含许多有趣的例子,但是,不管是集合的范畴还是结构的范畴都不属于它。

第二种解决办法是我们已经提到的格罗滕迪克提出来的,在上下文中也引进过:即在集合论中加入新的公理容许我们能够考虑类的类,类的类的类,如此等等。依据这些新公理的强度,我们就得到个体为类、类的类,如此等等的范畴,但永远也达不到所有范畴的范畴。　　20

第三种解决办法也许是最令人满意的,那就是把范畴概念本身公理化。1966 年,拉韦尔提出了一种公理化,在这个框架之下,他起着策梅洛-弗伦克尔对集合概念公理化的作用,特别是,当把拉韦尔公理化限制在离散范畴也就是那些函数只是恒等函数的那些范畴时,我们就可以得到范畴形式的集合论的公理化。

所有这些发展都支持这样的宣示:在为数学家建立数学基础时,范畴论起着重要的作用。这体现在麦克莱恩 1971 年的经典著作的书名之上:《数学研究者所用的范畴论》。

这并不意味着,范畴没有为逻辑家提供什么东西。作为例子,我们只要考虑类型论。类型论是 1908 年由罗素引进的,作为解决其悖论的可能办法。类型论是一种基于外延性公理的概括公理的一种素朴集合论。罗素系统中的新颖之处在于,存在许多类型的集合,给定类型的对象的性质确定下一类型的一个集合。1969 年拉韦尔表述一种范畴时的类型论,得到了拓扑斯理论。在这个理论当中能够发展出一种逻辑,它结果等价于直觉主义的逻辑,这种逻辑是 1912 年由拓扑学家鲁伊兹·布劳威尔(Luitzen Brouwer)引进的,它比古典的亚里士多德逻辑更为一般、普遍。

格罗滕迪克从完全不同于拉韦尔的代数几何学的考虑出发,也以独立的方式得出拓扑斯理论。结果,这个理论成为许多领域的汇聚之处,它容　21许数学家找到理由防止集合论作为数学的整体的基础。简单来讲,集合形成一个拓扑斯,因此它太简单以至于难于论述比如拓扑学和代数几何学的复杂性。

1.4　1980 年代：函数

集合论给逻辑学家一个适当的基础来对抗悖论。而就数学家而言,他们的日常工作基本上不受由悖论产生出的问题的影响,用布尔巴基的结构与范畴理论建立的基础框架就与实践更加协调。

但是,从计算机科学家的观点来看,这三种方法都不令人满意。计算机科学家大规模地将算法和程序运用于数据之上,也就是运用于自变量的函数。只有范畴论直接讨论函数,它们不是用于自变量之上,而是函数及函数之间进行合成。因此,理论计算机科学家需要另外的基础,这基础建立在 1933 年由阿隆佐·丘奇(Alonzo Church)提出的 λ 演算之上。

丘奇的思想在于试图以不同的方式来建立数学基础,与康托尔和弗雷格的理论平行,但是基于函数的概念而非集合的概念。在他的方案中,一个函数对应一个集合;函数的自变量对应集合的元素,函数在自变量上取值对应于一个元素是否属于一个集合,通过描述函数值来定义一个函数就对应通过集合的元素的性质来定义集合。

这样一来,素朴集合论就自动翻译成素朴的函数论。素朴函数论建立在两个原理之上,它们把函数归结为其函数值的描述。第一个原理是外延原理,一个函数完全由它的值来决定,从而,两个函数在相同的自变量上取相同的值则相等。第二个原理是概括原理:对值的每个描述确定一个函数,且每个函数由对它的值的描述所决定。

如果说,素朴集合论在发现罗素悖论之前能够引发很大的希望,那么素朴函数论似乎并不显得那么有希望。特别是,我们有理由相信,在素朴函数论的语境中也很容易复制出悖论。

在试图复制出悖论时,我们立刻就碰到一个问题,在函数的框架中,对于否定应该赋予什么意义。这个问题可以暂时放在一边,而只假定的确存在一个函数 n,它的作用方式与否定十分类似。因为罗素悖论是由于考虑那些不属于自身的那些集合的集合而引起的,因此我们现在考虑这样的函数 f,它在一个给定自变量上所取的值这样得出,即把自变量作用在自身上所得的结果,再用 n 来作用。

现在的问题是:把函数 f 作用在它本身上得出什么结果?按照刚刚给出的定义,这样一个只用下面的方法得出,把 n 作用在把函数作用到自身的结果上。因此,把 f 作用到自身的结果是一个自变量,它在 n 的作用下保持不变。如果我们假定 n 是一个函数,它改变所有它作用于其上的自变量,这就产生矛盾。更确切说,上述论证确切表明,n 不可能如此,如果理论是协调的,也就是,没有函数可以对相同自变量指定不同的值。

所以,我们有一个矛盾当且仅当我们知道这个理论是不协调的(在上述意义下)。可是,这样一来,上述论证就会没有用,因为它只是说该事实(即不协调性)就是它打算证明的。反之,如果理论是协调的,上述证明就 23 表明,在理论中没有函数可以改变其所有自变量。换句话说每个函数必须至少在它的一个自变量上保持不变,正因为如此,其自变量称为不动点。

因此,罗素的论证不足以确认丘奇的理论的不协调性,这已经是部分的成果了。可以想象到,用一些其他的、更精细的论证也许能够成功,但是,在 1936 年,丘奇和约翰·巴克莱·罗塞尔(John Barkley Rosser)证明一个困难的著名定理,由此可推出该理论是协调的。一个函数对一个自变量可以不指定任何值,但假如指定一个值,这个值是唯一的。

丘奇-罗塞尔定理还证明,λ 演算是一种特殊的理论,它基于素朴的原理,然而可证明是协调的,因而受到保护,免除实在的或潜在的悖论。但是乍一看,这种治疗方法比疾病更坏,为了协调性所付出的代价就是在理论当中不可能定义一个相当于否定的函数,更一般来讲,也就是不可能让这个理论包含逻辑。在当时,把数学还原为逻辑的纲领的吸引力仍然非常强烈,尽管实现有着明显的障碍,这种解决办法似乎是不可接受的,λ 演算不被认为是一个适当的数学的基础。

但是,在 1936 年,丘奇和斯蒂芬·克林尼(Stephen Kleene)已经证明,λ 演算包含算术。时至今日,这个结果可以重新表述如下:在 λ 演算中可表示的函数正好就是那些可用的任何一种计算机的通用程序语言来描述的函数。当然,丘奇与克林尼的结果领先于时代,因为当时计算机还不存在,而且原先对结果的表述也不能揭示出它所有的潜能。随着计算机的到来,这种潜能变得十分明显,该理论也被恢复名誉,成为计算机科学的适当基础。

特别是,不动点定理成为自参照或递归程序的理论合理性的基础,广泛应用在编程之中。1969 年,达纳·斯科特(Dana Scott)对 λ 演算引进指称语义学,它提供了技术使得我们能够把计算机程序解释为真的合适的数学对象,这同时表明,计算机科学可以正确地看成是现代数学的新分支之一。斯科特的工作使他获得 1976 年图灵奖,这项荣誉在计算机科学中就相当于菲尔兹奖或诺贝尔奖。

第 2 章　纯粹数学

几千年间,数学史主要是对数的对象和几何对象的理解进展的历史, 25另一方面,仅几百年,特别是 20 世纪,则见证完全不同的新实体的涌现。这些实体一开始还是平静地从属于古典对象的研究,而到后来则获得其具有冲劲的独立性,并激发起所谓的新数学的黄金时代。

如果说,近代数学一方面是植根于一大堆经典具体问题所导致的发展的产物,另一方面,它也展示出当代的抽象构造所表现出来的活动。古典数学基本上只包括四个领域,这四个领域主要研究离散和连续的对象,也就是数与形。数论和代数讨论前者,几何和分析讨论后者。但是要列举近代数学的分支并不容易,它们本质上研究各种代数结构、拓扑结构、有序结构以及它们的组合。

我们在导言中已经提到的这种激烈增长的危险是实实在在存在的,但是这种情形被阻止,也就是尽管表面上支离破碎,20 世纪的数学显示出一种本质上的统一性。事实上,近代数学的群岛由神秘的、看不见的地下通 26道连接在一起,许多结果缓慢涌现出来,这些结果意想不到的趋同性使之显现出来。

这种统一性的标记就是关于费马大定理(或"最后定理")的历程,这我们后面还要详述。费马大定理深深植根于过去,可追溯到毕达哥拉斯学派对自然数的研究,这些研究最终总结在公元前 3 世纪的欧几里得的《几何原本》(*Elements*)中。到了公元 3 世纪,亚历山大城的丢番图

(Diophantus)开始研究整数系数方程的整数解,他在他的《算术》(*Arithmetic*)中广泛地讨论这类问题。《算术》是一部 13 卷的巨著,其中只有 6 卷流传至今。17 世纪皮埃尔·德·费马(Pierre de Fermat)开始研习丢番图的著作,在他那本书的页边空白处,他写下 48 个评注,都没有给出证明。

到了 18 世纪,费马的所有评注都得到证明,只有一个例外。正因为如此,这个评注后来被称为费马最后定理。这就是说,存在一对整数的平方,其和也是平方(例如 9 和 16,加起来等于 25),可是不存在一对立方数其和也是一个立方数,对于 n 大于 2,也没有两个 n 次方数,其和也是 n 次方数。到 19 世纪,由于企图证明费马最后定理导致数论的巨大进展,而且对于越来越大的指数,也证实它成立,但是,仍然没有一个一般的证明。

这样一个一般的证明最终由安德鲁·怀尔斯(Andrew Wiles)在 1995 年得到。他使用了一个乍一看与这个问题无关的间接方法,是通过使用完全抽象的技术得到的。由此,为了解决一个简单的经典初等数论问题,必须求助于近代高等数学的许多分支。这个事件的象征意义不仅在于一个单一的数学领域明显的动态的、不同时的、纵向的连续性,而且还在于其在最不相干的领域之间所隐藏的静态的、同时的、横向的联系。

这种数学作为一个统一整体的观点的典型案例是朗兰兹纲领(Langlands program)。它是在 20 世纪 60 年代由罗伯特·朗兰兹(Robert Langlands)提出来的,其中提出涉及许多不同领域的可能联系的一系列猜想,怀尔斯的证明提供了它的部分的、但是重要的实现。为了奖励这个统一化的成果,朗兰兹和怀尔斯被授予 1995/1996 年度沃尔夫奖。

虽说数论(费马定理是其中一个成果)或许是这样一门学科,其中同时性与不同时性、古典主义与现代主义、具体性与当代数学的典型的抽象性联系以一种最惊人的方式展示出来,但它远远不是唯一的学科。

另一个具有象征意义的事件涉及圆和球面的研究,它们恐怕是两个最简单的几何对象。公元前 225 年,阿基米德(Archimedes)首次发现,在它们

27

的一些特性之中存在一些神秘的联系。圆的周长和面积以及球面的表面积和体积,事实上都同常数 π 有关。为了计算 π,经过许多世纪的发展,得出各种方法(几何,代数和解析方法)。

尽管圆和球面外观看来十分简单,对它们的研究取得某些显著的进展必须等到 19 世纪。首先,为了要证明不存在化圆为方的纯粹几何方法(即只用圆规和无刻度的直尺作一个正方形,其面积等于给定的圆),必须发展复杂的代数与分析方法。其次,通过使用拓扑方法,就可能把球面和三维空间中的其他闭曲面区分开。简单讲,球面是唯一的曲面,在其上撑开的弹性带可以收缩成为一点。最后,微分法可以用来证明无穷小演算可以从平面以唯一的方式推广到球面上。

20 世纪数学中的一些重要结果是涉及超球面的,四维空间中的超球面就相当于二维空间的圆和三维空间中的球面。近代数学最重要的、尚未解决的问题就是所谓庞加莱猜想(Poincaré conjecture),这我们后面要详加论述,其中涉及对球面的某种拓扑刻画是否对超球面也成立。* 而已经证明的是,无穷小演算可以以唯一的方式从球面推广到超球面。

圆、球面、超球面只是 $n+1$ 维空间中 n 维球面的特殊情形。近代数学一些最深刻、最重要的结果,就是在研究高维球面时得到的(我们后面还要论述)。例如,维数大于三的所有球面都有广义的庞加莱猜想,它早已得到证明。还有在七维球面上已经发现许多不等价的方式来推广无穷小演算。

这些结果以及另外一些成果揭示出来一种明显的悖论:随着维数的增加,这些对象变得越来越难以形象化,数学的研究反而变得更加容易,因为存在更大的空间来处理它们。例如,在三维空间中我们很难把左手手套里面翻到外面而变成右手的手套,在四维空间中就很容易。可是由斯蒂芬·斯梅尔(Stephen Smale)在 1959 年证明的定理表明,在三维空间他也是可以实现的。

---

* 庞加莱猜想已于 2004 年为俄国数学家佩雷尔曼(G. Perelman)肯定地解决。——译者注

上面这种印象在初等数学的水平上也得到印证,例如计算正"多面体"的数目。三维空间中有五种正"多面体"(即著名的柏拉图立体),四维空间中有六种正"多面体",而在更高维空间中就只有三种了。出人意料的是研究起来最困难的情形正好是三维和四维空间,它们正好对应我们所在的通常的空间及空时的维数。

上述例子表明,甚至在研究简单对象的初等性质,例如整数和几何图形时,也要求发展数学的复杂技巧以及抽象领域。正是从这种观点出发,我们事后证明近代数学对象与方法的合理性,它也是我们在论述数学最为突出的进展时将要采取的态度。

2.1　数学分析：勒贝格测度（1902）

按照原文的定义，几何学（geometry）一词（来自 geo"地球"和 metrein "测量"）研究诸如曲线的长度、曲面的面积、立体的体积之类的问题。这些问题从欧几里得的《几何原本》开始已经系统地加以研究，这部公元前 300 年的著作为整个希腊数学提供了一个几何的基础。

作为一个例子，让我们来考虑面积问题。欧几里得从来没有对面积以及它的测度给出一个定义，但是他陈述一些"共同概念"，从中可以推出下列性质：相等的"曲面"具有相等的面积（不变性）；由有限多曲面"加"在一起得到的曲面的面积等于这些面积之和（有限可加性）；一个包含在另一曲面之内的面积，其面积小于或等于后者的面积（单调性）。

在这些概念中的前两个的基础上，我们可以对任何多边形分两步定义面积：第一步，对每一个三角形指定一个面积（例如，底乘高除以 2）；第二步，把多边形分解成三角形，然后把它们面积相加。当然，为了使这个步骤 30 行得通，必须证明三角形的面积不依赖底和高的选取，同时还要证明，多边形面积不依赖特殊的三角形分解的选项。

虽然这些概念已经隐含在欧几里得的著作当中，但他的论述完全不具备逻辑上的严格性，特别是，其中用到一些隐含的假设，它们只有到 19 世纪才确切地明显地表述。对欧氏几何的系统修正是随着 1899 年希尔伯特的《几何学基础》（*Foundations of Geometry*）的出版而完成的。

1833 年雅诺斯·波尔约（Jànos Bolyai）证明一个有趣的定理。这是对刚才提到的欧几里得的结果的一个补充：两个多边形如具有相同的面积，则可以分解成有限多个恒等的三角形。特别是,每一个多边形可以"化方",也就是说,可以首先把它分解成有限多个三角形,然后再把这些三角形拼成一个正方形,这个正方形的面积与多边形的面积相等。或者,反过来,一个正方形可以通过把它适当分解成三角形然后再加以重组,把它变换成任意一个多边形。

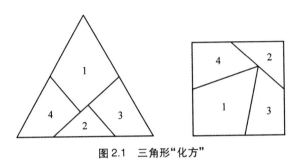

图 2.1 三角形"化方"

至于多面体的体积,我们可以想象一个类似的步骤,只是其中的三角分解被分解为四面体取代。希尔伯特第三问题就是问:相当于波尔约的同样结果是否成立,也就是说,是否每一个多面体可以分解成有限多个四面体,一旦重组它可以构成一个立方体,其体积等于原先多面体的体积。很快这个问题就得到否定的解决。马克斯·德恩(Max Dehn)证明,即使多面体只是一个四面体,这种构造已经是不可能的。

一旦直线形(例如多边形)的面积问题已经得到解决,下面一步就要考虑曲线形的问题。其中头等重要的是圆。我们的想法是用多边形从内部和从外部来逼近这些图形。由欧几里得第三个常用想法,曲线形的面积将落入两个近似多边形的面积之间,如果这两个近似值趋于一个共同的极限,这个极限也就是要求的曲线形的面积。

这个一般的概念相当现代,首先是朱塞佩·皮亚诺(Giuseppe Peano)在 1887 年引入的,然后在 1893 年由卡米尔·若尔当(Camille Jordan)引入。头一个特殊的情形,用(半)正则多面体,是欧多克索斯(Eudoxus)的穷竭法(method of exhaustion),可以追溯到公元前 4 世纪,而在公元前 225 年

31

被阿基米德用来计算圆的面积和球面的面积。第二个特殊情形是黎曼积分,是用由有限多个长方形做成的多边形,是由伯恩哈德·黎曼(Bernhard Riemann)在 1854 年引进的。用他的方法我们可以计算任何由连续函数(的图)构成的边界围成的曲面的面积。

事实上,从 17 世纪到 19 世纪,一个曲面的面积的存在性被认为理所当然。而积分仅仅被看成计算面积的方法。1823 年,奥古斯丁·柯西(Augustin Cauchy)扭转了这种方向。他把面积定义为积分本身。这样就引出了这样的问题:什么样的曲面具有面积,特别是什么样的函数具有积分。

黎曼积分的概念非常一般,因为它容许我们计算有无穷多个不连续点的函数的积分,只要这些不连续点不构成一个"不可测集"。到 19 世纪末,在黎曼意义下的不可积的函数的例子大量出现,这样一来,就有必要对不连续点的集合能够定义一个测度,以使我们能把可积函数和不可积函数区别开来。

皮亚诺和若尔当所引进的概念不充分,这个问题于 1902 年由亨利·勒贝格(Henri Lebesgue)用勒贝格测度的概念最终解决。他的思想从本质上说就是把欧几里得的有限可加性换成可数可加性:如果一个曲面由可数多个曲面"加"在一起构成,则该曲面的面积等于这些曲面面积之和。现在一曲面被认为具有面积(或者一立体具有体积),如果这个面积(或体积)在勒贝格意义下是可测的。

勒贝格用他的可测集的定义就能够证明,一个函数在黎曼意义下可积当且仅当其不连续点的集合具有测度 0。这并不意味着,这个集合不可以相当大。例如,它可以具有所有实数集合那么多点,虽然这样一个集合不可能太"稠密"。

更进一步,正如黎曼积分是皮亚诺测度和若尔当测度的特殊情形一样,我们也可以定义勒贝格积分作为勒贝格测度的特殊情形。所有在黎曼意义下的可积的函数在勒贝格的定义之下仍然可积,而且它们的值相等;

但是一些勒贝格可积函数在黎曼意义下是不可积的。

至于判定什么集合是可测集的问题,稍后朱塞佩·维塔利(Giuseppe Vitali)证明不是所有集合都可测。他还发现,我们可以对不可测集进行一些操作,而这些对可测集是不能做到的。由于我们对处理可测集十分熟悉,结果对不可测集就出现悖论式的矛盾性质。

例如,1914 年,菲利克斯·豪斯多夫(Felix Hausdorff)证明,给定一个

33 球面,我们可以把它表面分成有限多块(显然是非可测集),使得一旦把这些块重新排列,就可以形成两个球面,每一个球面都和原来的球面具有相同的面积。1924 年,斯蒂芬·巴拿赫(Stefan Banach)和阿尔弗雷德·塔尔斯基(Alfred Tarski)对多球体的体积证明了相同的结果。换言之,在空间中,通过分解成不可测集,面积和体积并不保持不变。

在平面上,类似上面那样的悖论就不可能出现。但是,1988 年米克洛斯·拉茨科维奇(Miklos Laczkovich)证明,可以把一个圆重分成有限多(虽然非常之多,约 10^{50})个(不可测的)块,重排之后可以拼成一个正方形具有相同的面积。因此,在平面上,通过分解成不可测子集之后,曲率并非保持不变。

2.2　代数：施泰尼茨对域的分类（1910）

正如"自然数"这个名词所显示的,自然数构成数学最原始的直觉之一。它们或者是心跳的抽象,从而植根于实践和变动的概念,这正如几何点是空间和存在的抽象一样。

从历史上看,自然数的最先的推广是引进正有理数,它允许乘法有逆运算。因为除法并不出现主要的概念的困难,所以早在公元前 6 世纪,有理数的概念已经很好地建立起来,而且被毕达哥拉斯学派用来作为他们哲学的基础。

从自然数推广到整数(包含正整数以及负整数)则需要两项本质的创新。第一项创新是零的出现,没有零甚至于无法考虑加法的逆运算问题。零是在公元 7 世纪由印度引进的,而玛雅人在第一个千年的后半时期也引进了零。第二项创新是考虑负量,如果数像希腊人那样被看成是几何量的量度,负量就没有意义了。印度人在公元 7 世纪引进负数,为的是度量债务。

把上面两个推广结合在一起,并考虑所有的有理数,包括正有理数、负有理数和零,我们就得到域的头一个例子。按照海因里希·韦伯(Heinrich Weber)在 1893 年关于域的定义,它是一个集合,具有加法和乘法两种运算并满足通常的性质,包括可逆性。在印度人首先明显地采纳有理数域时,阿拉伯人以及后来的欧洲人一直到 18 世纪,却都拒绝使用负数,甚至晚到 1831 年,奥古斯都·德·摩根(Augustus de Morgan)还否认负数的合理性。

34

实数,提供了域的第二个例子。毕达哥拉斯学派发现了无理数,印度人和阿拉伯人对无理数进行形式地运算,但一直到 17 世纪并不把它们看成数,只有从笛卡儿和约翰·沃利斯(John Wallis)开始,无理数才被当成数。至于实数的定义一直要等到 19 世纪中叶,它的定义都是基于有理数的:理查德·戴德金(Richard Dedekind)1858 年用截割定义,康托尔 1872 年用收敛序列来定义。

复数是在 1545 年由吉罗拉莫·卡尔达诺(Gerolamo Cardano)为了求解三次方程才引进的。1572 年拉斐尔·邦贝利(Raffaele Bombelli)定义了复数的域的运算,但是在这两种情况下,他们只是在纯粹符号上施行形式的运算,这些符号只不过是表示"虚数",这种态度一直持续到 18 世纪。1799 年卡尔·弗里德里希·高斯(Carl Friedrich Gauss)首先证明了代数学基本定理,即每个复数系数 n 次多项式具有 n 个复数零点,正是这个基本结果才保证复数的独立存在性。它还提供了代数封闭域的第一个例子,所谓代数封闭域就是一个包含其多项式的所有零点的域。1837 年威廉·哈密顿(William Hamilton)把复数形式地定义为实数的有序对,同时定义它们的域的运算。

埃瓦里斯特·伽罗瓦(Evariste Galois)在 1830 年,戴德金在 1871 年出于不同的目的,通过有理数的扩张得出一大类域的定义。对于给定的无理数 a,他们考虑最小的实数(或复数)集合,它们构成一个域,并且包含 a 以及所有的有理数。这样一个集合可以直接生成,方法是:从 a 出发,施行所有可能的加法、减法、乘法、除法(除去 0 为分母的情形)。假如 a 是一个有理系数的多项式的零点,比如 $\sqrt{2}$ 的情形,这个扩张称为代数扩张,否则,例如 π 的情形,称为超越扩张。

所有上面所举的这些例子都是无穷域,除了无穷域之外,还存在有限域。一个简单的例子是模 n 整数的域,用来计数一天的小时(它具有 12 或 24 个元素)或者一小时中的分数(共有 60 个元素)。这些域可以像通常整数那样生成,从 0 开始,重复加相当于 1 的元素,一直加到 n,这时再一次得到 0。模 n 整数形成一个域的充分必要条件是 n 是一个素数。

上述例子表明,现代数学的概念(其中域的概念是第一个最重要的例子)在它们某些共同特征的基础上,可以用来统一大量不同的例子。然而,这些概念过于一般,常常例子中的个别的范围变得模糊,从而使它们难于掌握。因此为了描述这些概念的推广,必须要得到分类的结果,这就是抽象的互补的方面。

这类结果的最早的例子之一是分类域的所有可能的类型,这是由恩斯 36
特·施泰尼茨(Ernst Steinitz)在 1910 年发现的,这个分类是基于特征的概念。给定一个域,我们从作为 0 的元素开始,重复加上作为 1 的元素。如果经过 p 次加法之后,我们又得到 0,我们就说域具有特征 p,这里 p 一定是一个素数。反之,如果加下去永远回不到 0,我们就说域为特征 0。

所有有限域可以立刻通过其特征来描述,对于每个素数 p,有无穷多特征为 p 的有限域,称之为伽罗瓦域。其中每个域的元素数目为 p 的正幂次,反之,对于任何 p 的正幂次,只有唯一一个有限域。

对于任何域,它的素域定义为这样的集合,即从 0 和 1 开始,施行所有可能的加法、减法、乘法和除法(0 不做除数)所得到的集合。假如给定的域特征为 p,其素域就是模 p 整数域;如果给定的域特征为 0,其素域就是有理数域的一个拷贝。这样一来,每个域都可以通过从素域逐次扩张而得出,这些扩张先是一系列(可能是无穷多)超越扩张,然后是一系列(可能是无穷多)代数扩张。

反之,从任何给定域出发,通过一系列代数扩张,我们可以造出其代数闭包,即包含原来的域的最小的代数闭域。这就阐释了抽象的一个副产物,即可能得到特殊结果的一般形式——在这种情况下,就是通过添加多项式的所有可能的零点,使我们把由实数到复数的闭包过程推广到任意域。

2.3 拓扑学：布劳威尔的不动点定理(1910)

37　　康托尔在把集合论发展成为数学基础的过程中,常常碰到一些意想不到的性质,其中最不寻常的一个性质涉及维数这个几何概念:不同维数的空间,例如,一条直线和一张平面,事实上可能具有相同的点数,从而它们作为集合是不能区分的。这项发现使康托尔十分烦恼,以至于他证明这个事实之后说:"我发现了它,可我不相信它。"

　　康托尔的结果并不意味着维数的概念只是应该抛弃的一种错觉,恰恰相反,他的发现表明存在一条界线,超越这个界限之外,纯粹集合论的概念就不再使用,应该换成具有不同性质的其他概念。

　　1910 年,布劳威尔证明拓扑学(topology)具有区分开不同维数的能力。拓扑学研究几何对象的那些性质,当它们以连续的方式变形而不造成破坏时保持不变。例如,一条直线和一张平面都是一个整体,但是去掉一个点后,直线就分成两部分,而平面还是一块[这里所涉及的拓扑性质称为连通性(connectedness)]。布劳威尔在一般情况下证明维数不变性的定理,更确切地讲,对任何可以剖分(就像在通常曲面上可以剖分成三角形那样)的拓扑对象证明这个定理的。这种对象被称为复合形(complexes),其三角剖分的组分称为单形(simplexes)。

　　然而,布劳威尔最重要的发现涉及连续变换的性质,这是拓扑学的主要研究对象,也是在 1910 年,他证明了不动点定理(fixed-point theorem),它成为许多不同的领域中必不可少的工具,这些领域从数学分析一直延伸到经济学。

在一维情形,布劳威尔定理就相当于这样一个事实:一个连续函数,它的定义域和值域都是某个区间(的点),必定至少有一个点保持不变。这事实从直觉上看十分明显,因为它就意味着,在单位正方形中的任何曲线,从一边延伸到另一边没有间隙,必定与正方形的对角线至少相交一次(图 2.2)。

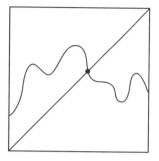

38

图 2.2　一维的不动点定理

在二维情形,布劳威尔定理是说,一个连续函数,其定义域和域值都是一个圆(的点),必定至少有一个点保持不变。举例来讲,如果我们以一种连续的方式梳理圆形花坛中的沙砾,那么至少有一个小石子保持不动。

布劳威尔定理的适用范围远远超出上面两个例子。一方面,这个定理适用于多维的区间和圆,例如球面和超球面。它在三维情形下的应用例子如下:如果风吹遍整个地球,它必定至少在一点处垂直低吹,从而必定产生龙卷风。另一方面,这个定理对于定义在单形上所有函数(也就是定义在十分类似于区间和圆的曲面上的函数)也成立,也就是说,这些函数是有界的并且具有一个边界而且没有凹陷区[这是拓扑性质,即紧性(compactness)及凸性(convexity)]。*

定理的原来证明是间接证明不动点的存在性,并没有指出如何求出不动点。有讽刺意味的是,正是布劳威尔本人后来发展出一种数学哲学,即所谓直觉主义(intuitionism),它不接受这种非构造性的证明。然而,对于不动点定理这种特殊情形,伊曼纽尔·施普纳(Emmanuel Sperner)在 1929 年提供了一个构造性的证明。随着计算机的出现,必需的计算变成可行的,时至今日,不动点已经能够有效地求出。

在另外的方向上,不动点存在的条件已经以各种方式得到推广,特别是一些十分有用的定理得到证明:1922 年,巴拿赫把定理推广到度量空间

39

---

* 通常几何图形的凸性并非拓扑性质。——译者注

（这类空间不同于抽象拓扑空间，它具有距离上的压缩映射）；1928 年，克纳斯特（B. Knaster）和塔尔斯基推广到偏序空间（每一元素的升链具有上界）上的单调函数；1928 年，所罗门·莱夫谢茨（Solomon Lefschetz）推广到可缩紧复形（而不只是单形）上定义的连续函数；1941 年，角谷（S. Kakutani）则推广到像集全是凸集的半连续函数，而不仅限于连续函数。

2.4 数论：盖尔芳德的超越数（1929）

公元前 6 世纪,毕达哥拉斯做出最重大的发现：在音乐、自然和数学之间存在着对应关系,谐和比(或音程)与物理比(乐器的诸弦之比)相对应,并由整数比(分数)来量化。毕达哥拉斯学派从这种谐和一致中看到,这不只是一种巧合,而是一种必然性的展示。他们把它表示成一句箴言："万物皆为有理的",这句箴言应该从字面的意义上来理解,即任何事物都可以通过有理数来描述(比"ratio"的精确意义就是"关系")。 40

后来他们的信条由于不可通约量的发现而受到致命的打击。不可通约量对应无理数：在数学中正方形的对角线与边长之比是 $\sqrt{2}$,在音乐中,八度音与五度音之比是 $(\log_2 3) - 1$ 。

另外一个简单的无理数的例子是 $\sqrt[3]{2}$,它出现在祭坛加倍问题的求解中。公元前 430 年,雅典出现瘟疫,使 1/4 的人口死去,雅典人于是到得洛斯的阿波罗神庙请求神谕,神要求他们把立方体的神坛体积加倍。于是,雅典人建造一个新神坛,每边边长都是原来神坛边长的两倍。这样,整个神坛的体积增大为原来的 8 倍,于是瘟疫继续蔓延。正确的解答是神坛的边长应该为 $\sqrt[3]{2}$,它是两个体积比为 2:1 的立方体的边长的比。同样,两个面积比为 2:1 的正方形,边长之比为 $\sqrt{2}$ 。

把实数分成有理数和无理数两类的分法相当粗糙,实际上,希腊人已经隐含地引进一类有趣的实数,即可用圆规和直尺作图的数。例如 $\sqrt{2}$ 是可作图的数,而 $\sqrt[3]{2}$ 则是不可作图的数。希腊人怀疑后面这个事实,但是证明一直到 1837 年才由皮埃尔·万采尔(Pierre Wantzel)给出。他的证明要求对可用尺规作图的数以及对应于求和和开平方的数值运算的几何作图给出一个代数刻画。

41　　无论如何,任何可作图的数都是代数数,即它们是整系数代数方程的解,但反之不成立。例如,$\sqrt[3]{2}$ 是 $x^3 - 2 = 0$ 的解,因此是代数数,但它是不可作图的。非代数数的数称为超越数,超越数的存在首先由约瑟夫·刘维尔(Joseph Liouville)在 1844 年证明。

　　他的证明基于这样一个观察:这就是无理的代数数不能很好地被有理数逼近,对于 n 次多项式方程的无理解,几乎所有逼近它的有理数,当它的分母为 q 时,总有至少 $1/q^n$ 的误差。因此,只要能够造出一个非无理数 q,即循环小数能够被有理数很好逼近的话,那它就是一个超越数。例如

$$0.101\ 001\ 000\ 000\ 100\ 000\cdots,$$

其中小数点后第一个 0 组只有一个 0,第二个 0 组有 1×2 个 0,第三个 0 组有 $1 \times 2 \times 3$ 个 0,依此类推。通过在小数点后面的 1 处截断这个展开式,我们就会得到很好的有理逼近,这一直到下一个 1 都对,而下一个 1 还在十进小数序列很远很远的地方。

　　在下一个 100 年,对刘维尔的观察也作出许多改进。最佳的结果是克劳斯·罗斯(Klaus Roth)在 1955 年获得的:几乎所有分母为 q 的分数来逼近无理代数数,都具有至少 $1/q^{2^+}$ 的误差,这里 2^+ 是大于 2 的任何实数(但这个结果对于 2 是不对的)。罗斯由此结果获得 1958 年菲尔兹奖。

　　对刘维尔定理的存在性部分的最好推广是康托尔在 1873 年发现的:几乎所有实数是超越数,因为只存在极少极少的代数数。更精确地说,代数数集合在康托尔意义下是可数集,在勒贝格意义下是测度为 0 的集合。

　　但是,康托尔的结果对于特殊的实数究竟是否超越数什么也没说,对

42　于自然对数底 e,列昂纳德·欧拉(Leonhard Euler)在 1748 年就猜想它是

超越数,但直到 1873 年才为查尔斯·埃尔米特(Charles Hermite)所证明。由于 e 是超越数,立即可以推出 e^2,$\sqrt{e}$($e^{1/2}$)以及更一般来讲 e^x(x 是非零有理数)均为超越数。1882 年,斐迪南·林德曼(Ferdinand Lindemann)推广了这个证明,他证明甚至当 x 是代数数(x 不等于 0)时,e^x 也是超越数,由此结果,他导出大量推论。首先,当 x 是代数数(不等于 0 或 1 时),$\log x$ 必定是超越数,因为 $e^{\log x} = x$,其次,因为欧拉在 1746 年证明了

$$e^{ix} = \cos x + i\sin x,$$

其中 i 是 -1 的平方根,是个虚数(虽说它不是实数,但仍是代数数,因为它是 $x^2 + 1 = 0$ 的解),因此得出当 x 是代数数时,$\sin x$ 及 $\cos x$ 均为超越数。

当 $x = \pi$ 时,我们就得出林德曼结果中最特殊、最重要的结果。因为此时,欧拉的表达式就变成

$$e^{i\pi} = -1,$$

许多人都认为它是最漂亮的数学公式。这样指数 $i\pi$ 就产生出 $e^{i\pi}$ 的一个非超越数值,于是由林德曼定理得出这个指数不可能是代数数,因为 i 是代数数,π 必然为非代数数,也就是超越数。由 π 是超越数这个事实特别可以推出 π 不是可作图数,从而得出求解另一个著名的希腊问题的不可能性。这个问题就是用圆规直尺画圆为方问题,2000 年来它一直没能解决。

到 19 世纪末,除了 π 和 e 之外,所知道的超越数不多。比如希尔伯特第七问题就是问:$2^{\sqrt{2}}$ 是否超越数。实际上,希尔伯特猜想,如果 a 是代数数(不等于 0 或 1),b 是无理代数数,则 a^b 是超越数。　43

甚至于晚到 1919 年,希尔伯特还认为,这个问题要比黎曼假设或费马大定理更难解决。1929 年,亚历山大·盖尔芳德(Alexandr Gelfond)* 通过一种新方法证明 e^π 是超越数,这个进展导致 1930 年卡尔·西格尔(Carl Siegel)证明 $2^{\sqrt{2}}$ 是超越数,他在 1978 年获得沃尔夫奖,其后 1934 年盖尔芳

---

* 原文误作盖尔范德(I. M. Gelfand)。——译者注

德和索拉尔德·施耐德(Thorald Schneider)证明了希尔伯特上述的一般猜想。1966 年,阿兰·贝克尔(Alan Baker)把整个一个世纪的结果推向一个完美结局,他证明由林德曼及/或盖尔芳德所发现的各种类型的超越数,其任何有限乘积,例如 $e^{\pi}, 2^{\sqrt{2}}$ 也是超越数。由于这个结果,贝克尔获得 1970 年菲尔兹奖。

尽管有这么多进展,超越数仍然相当神秘,有许多数我们还不知道它们是否是超越数,其中最明显的是 $e+\pi, e\pi, \pi^{e}$,还有许许多多的其他的数,例如欧拉常数 γ,它度量对数与调和级数的渐进差,其中调和级数是正整数的倒数的无穷和;还有常数 $\zeta(3)$,它是正整数的立方的倒数和[常数 $\zeta(2)$,也就是正整数的平方的倒数和,是超越数,因为欧拉在 1734 年已经计算出它的值为 $\pi^2/6$]。

2.5 逻辑：哥德尔的不完全性定理(1931)

19 世纪伟大的数学成就之一是双曲几何学的诞生,在双曲几何学里平行公理是不成立的。从欧几里得几何中的剩余公理可以推出：给定一条   44
直线和直线外一点,过该点至少有一条直线与已知直线平行(垂直于垂线的线)。由于平行公理说只有一条这样的平行线,因此它的反面就是存在不止一条这样的平行线。

许多数学家致力于双曲几何学(其中平行公理是不成立的)的发展,企图证明这样一种几何学是不相容的,从而用矛盾证明平行公理是成立的。19 世纪前半叶,高斯、尼古拉·罗巴切夫斯基(Nikolai Lobachevsky)和波尔约实际上证明了这种假想的双曲几何学会非常怪异。比如说,对所有的三角形而言,三内角之和不是定值;一个圆不必穿过三个非共线点;矩形、等距线均不存在;毕达哥拉斯定理不成立。

然而,双曲几何学虽然怪异,并没有出现矛盾,而且 1868 年欧亨尼奥·贝尔特拉米(Eugenio Beltrami)证明了它像欧氏几何一样是相容的：事实上,能在欧氏平面里建立一个双曲平面的模型。后来,菲利克斯·克莱因(Felix Klein)于 1871 年、庞加莱于 1882 年分别建立了最著名的双曲几何模型。在这两个模型里,双曲平面都是没有边界的圆。在第一个模型里,直线是欧氏线段,但角必须用一种新的方式测量;在第二个模型里,角是欧氏的,但直线是垂直于边界的圆弧(图 2.3)。

一旦将双曲几何的相容性化归为欧氏几何的相容性,欧氏几何的相容

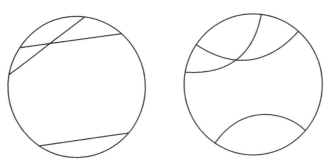

图 2.3 克莱因与庞加莱的模型

性还是个问题。希腊人要求给出直接的证明,因为随着毕达哥拉斯学派对无理数的发现,他们已经将整个数学建立在了几何基础之上。举例来说,

45 在《几何原本》中,欧几里得将数表示为线段;毗邻线段表示为相加;矩形面积表示为相乘,等等。

地理学与天文学促使数学向着相反的方向化归为代数。公元前 2 世纪,岁差(每年二分点提早发生)的发现者希帕恰斯(Hipparchus)开始使用点坐标描述给定的曲线,但每次都要依据给定的曲线选择(相应的)坐标系,仅此而已。选择固定坐标系的第一人是奥雷姆(N. Oresme),于 14 世纪做出的。(但)他仍旧对地理学用法非常依恋,以至于他继续称坐标为"经度"与"纬度"。

令人满意的代数符号的引入,特别是使用字母表示变量,为费马(1629)与笛卡儿(1637)建立解析几何学开辟了道路。通过将点与数联系起来,人们还获得了点性质与数性质之间所引发的对应关系这一意义重大的发现。举例来说,一次方程与二次方程分别描述了直线与二次曲线(椭圆,双曲线,抛物线)。

然而,对于费马和笛卡儿而言,代数与几何相比处于次要地位,甚至牛顿自己在他的《自然哲学的数学原理》(Principia)中继续用希腊的几何方式而不是代数方式来处理行星轨道(问题)。观点的改变来自沃利斯的工

46 作,他于 1657 年用代数语言重写了欧几里得的两部著作和阿波罗尼斯

（Apollonius）的关于二次曲线的专论。

实际上真正把几何学归结为代数学，是 1899 年希尔伯特的《几何基础》(*Foundations of Geometry*) 的出版。与当今的做法一样，他给出了欧氏几何的一个代数模型：平面中的一点是一个有序实数对；直线是一次方程所有解的集合；用毕达哥拉斯定理定义两点间的距离；用等距变换（也就是说，一个保持距离的线性变换）的概念定义全等。但这不仅仅是定义的问题，因为有必要证明等距变换保持角和距离不变，并且这一事实的证明不无价值。

截止到 19 世纪末，这种几何的相容性已化简为实数理论的相容性。这种推诿责任的游戏可能仍要继续，比方说，将实数理论的相容性推给整数理论的相容性。事实上，这项工作早在几十年前已由卡尔·魏尔斯特拉斯（Karl Weierstrass）、康托尔、戴德金完成。这一点激发利奥波德·克罗内克（Leopold Kronecker）宣称："上帝创造了整数，其他的都是人的创作。"但是迟早有必要直接证明某一理论的相容性，并且所用的方法如此简单以至于它们自己的相容性无法被质疑。

因此在 20 世纪初，希尔伯特第二问题就是寻求实数或整数理论相容性的一个直接证明。一个完全出乎意料的解决方案由库尔特·哥德尔（Kurt Gödel）于 1931 年建立，他证明了：任何包含整数理论的理论，它的相容性不能在自身理论体系内得到证明。换句话说，没有一种自称为数学基础的理论能够证明自身的合法性，从而必须从某一外部体系中获得合法性。特别地，不存在相容的理论（包括整数理论）同 47 时是完全的，这里的完全是指所有的可用自身语言表达的数学真理能在理论本身中得到证明——此外，不能得到证明的数学真理之一就是它自身的相容性。由于这一原因，哥德尔的结论被称为不完全性定理。

从理论自身证明该理论的相容性是不可能的，但这一点并没有排除外部的具有说服力的证明的存在性，从而关于希尔伯特第二问题的研究并没有结束。特别地,一个明显不简单的、但意义重大的整数理论相容性的证明由格哈德·根岑(Gerhard Gentzen)于 1936 年给出。他的结果是证明论的起点,他的目标是寻找相似的更强理论的相容性证明。

2.6 变分法：道格拉斯的 极小曲面（1931）

按照《埃涅阿斯纪》（*Aeneid* I，360—368）在伽太基建立之初，有一个数学问题得到解决。在逃离提尔（Tyre）之后，狄多（Dido）女王在北非海岸登陆，并获得当地国王的允许，可以选择一块土地，只要它能被一头公牛的皮围起来。

女王把公牛皮切成十分纤细的绳，用它来圈起一块尽可能大的面积。她选择一块半圆形的土地，一边与海为界。这样她就可以用绳子圈上周长的一部分。狄多依靠直觉认识到圆是给定周长具有最大面积的图形。这个事实的第一个数学证明是雅各布·施泰纳（Jacob Steiner）在 1838 年给出的，并由魏尔斯特拉斯在 1872 年完成。

这类问题称为极大或极小问题。对于最简单的情形，它可以很容易 48 地用无穷小演算的方法来解决。更精确地讲，可以把它们表示为一个函数，然后求这个函数的临界点，而在这点函数的导数为 0。对于更困难的情形，就要求更为精深的技术，这就形成了变分法。这个名词来源于这样一个事实，它不只要求函数无穷小的部分（df）变化，而且要求整个函数变化（δf）。

第一个真正的变分问题是由伽利略在 1630 年提出来的：给定不在一个垂直方向的两点，求一个质点从一点到另一点的降落曲线（称为最速降线），使得它经历的时间最短。伽利略的解答是圆弧，这是错误的，这个问题在 1696 年由约翰·伯努利（Jean Bernoulli）提出，牛顿、莱布尼茨和伯努利兄弟都给出了正确的解答,其解是旋轮线的弧,旋轮线是一个圆周在一条直线上滚动时,圆周上一点描绘出的轨迹。

在这之前,在《原理》的第二卷中(命题 34 的附注),牛顿已经对一个变分问题求出第一个正确的解答:求一个旋转曲面,它在水中沿轴的方向作匀速运动时,经受运动的阻力最小。他预见到这个问题的解决对船舶建造有用处,后来在建造飞机和潜水艇时,也遇到相同的问题。

变分法的第一个基本结果来自欧拉,他在 1736 年发现至今仍是变分法基础的微分方程,它成为变分问题解的必要条件(正如导数为零是解极大极小问题的必要条件一样)。1744 年欧拉写了一本书,这是变分法首次被系统地论述。

49 　公元 1 世纪,亚历山大里亚的海伦(Heron)已经陈述过这样的原理:光线传播的路径使时间和空间均达到极小。列昂纳多·达·芬奇(Leonardo da Vinci)在 15 世纪曾经表示过这种信念:自然是"经济的"。这个直觉在 1744 年由皮埃尔·路易斯·德·莫佩尔蒂(Pierre Louis de Maupertuis)推广并且系统化,称为"最小作用原理"。自然现象发生总是使得作用最小化,这里作用就是质量、速度和距离的乘积 mvs。

即便莫佩尔蒂的作用的概念并不完全适当,其表述也使人们对自然行为的根源在于变分原理这个哲学的直观见解给出一个数学的形式。欧拉已经预见到从这样一个原理推导出物理学定义的可能性。但首先是拉格朗日在 1761 年做出这个推导。他把作用正确定义为

$$\int mvds \quad \text{或者} \quad \int mv^2 dt,$$

并且由最小作用原理推导出牛顿第二运动定律的一种形式。力学用这种形式的最终表述归功于威廉·哈密顿(William Hamilton),他在 1835 年得到经典的微分方程。其中把位置及动量作为哈密顿量 H 的函数,而 H 表示能量。

1847 年,物理学家约瑟夫·普拉托(Joseph Plateau)注意到当把一个封

闭线圈浸入肥皂水中,然后从水中提出,在线圈上就形成一个肥皂泡。这个泡泡具有由曲线定义的周长下的最小面积,肥皂泡对求极小面积的曲面问题提供一个经验的解法。当线圈形状十分复杂的时候,明显的解很难求出。

普拉托还陈述了下面这个十分自然的问题,对空间中的任何封闭曲线,存在一个以该曲线为边界的极小曲面。如果我们不特别明确规定封闭曲线的定义是什么,这个问题仍较为含混。1887 年之后,则可以采用若尔当的定义:一个曲线是一个点集,表示定义在某个区间上的连续函数的像。这个定义正是可适用于普拉托问题的定义。　　　　50

普拉托问题的解还等了差不多一个世纪。1931 年,杰西·道格拉斯(Jessie Douglas)给出了这个问题的解,他因此获得了 1936 年首次颁发的菲尔兹奖。由极小曲面的工作获得大奖的还有恩里科·邦别里(Enrico Bombieri)获得 1974 年菲尔兹奖以及欧尼奥·德·乔尔奇(Ennio de Giorgi)获得 1990 年沃尔夫奖。他们获奖当然还有其他的工作。变分法从 20 世纪开始价值增高,当时希尔伯特认为变分法没有受到应有的承认,于是提出第二十三个问题来吸引大家的注意,这个问题也是二十三个问题中唯一具有一般特点的问题。除此之外,第二十问题和十九问题也涉及变分法。更确切地讲:一大类(所谓正则的)变分问题的解的存在性和解析类型,这些问题的研究导致现代数学分析的广大领域的发展。

让我们再来看看普拉托。他的一个试验是把一个立方体形状的线圈两次浸入在肥皂水中,结果得到的肥皂泡令人吃惊的竟是一个超立方体;一个差不多是立方体的中心泡通过平页面与原来的立方体相连(图 2.4),一般来讲类似的页片充满由肥皂泡所得的极小曲面的孔洞。1987 年,戴维·霍夫曼(David Hoffman)及威廉·米克斯(William Meeks)用出现于 1983 年的计算机生成的图像证明存在有任意多洞孔的极小曲面,而这些是不能通过肥皂泡得到的(图 2.5)。　　　　51

图 2.4   超立方肥皂泡

取自米歇尔·爱默（Michele Emmer）的
影片《肥皂泡》© 2000 Emmer

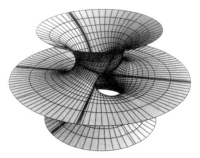

图 2.5   具有孔洞的极小曲面

2.7 数学分析:施瓦兹的 广义函数论(1945)

显然,希腊人知道一些特殊的曲线,例如圆锥曲线和一些螺线,但是他 52
们从来也没有感到有必要以系统的方式去考虑函数的概念。然而,随着近
代科学的诞生,这种需要也产生了,对运动的研究要求我们考虑一大类曲
线,其中自然包括抛物线、椭圆和旋轮线。现在我们知道它们分别是一个
抛射体的运动轨迹、一个行星的运动轨迹以及在平面上一个滚动的轮子上
一点的轨迹。

长期以来,定义函数唯一可接受的方式是利用公式,可是随着数学
的发展,函数类也不断地增长。在 17 世纪,笛卡儿要求只用代数方程,
也就是 x,y 的任意次多项式;到 18 世纪,由于各类振动的研究,欧拉容许
引进三角函数、指数函数和对数函数的解析表示,通过这些函数的幂级
数的展开,他把这些函数看成是代数函数的无穷形式;到 19 世纪,约瑟
夫·傅里叶(Joseph Fourier)被热的研究所推动,最终把三角级数也包含
在内。

傅里叶的基本论点就是,每一个函数在一个区间上都可以用三角级数
来表示,正是为了证明这个猜想,彼得·勒琼·狄利克雷(Peter Lejeune
Dirichlet)于 1829 年发现一个著名的例子,一个不可表示的函数,这个例子
就是当自变量为有理数,取值为 1,而当自变量为无理数,取值为 0。

这个函数不能用任何一种公式来定义,但是几年以后,狄利克雷迈出
了大胆的一步,1837 年他提出了函数的定义,这个定义我们至今还在使用,

他的定义是：函数是一种对应关系，对于每一个自变量 x，对应一个且只有一个 y，而不管这个对应是如何定义的。

53   从某种意义上说，由可定义的函数过渡到任意的函数，同代数数过渡到实数颇为相似。在这两种情形之下，元素的数目指数地增长，其中大多数元素在可能描述的（元素数目），有着确定限制的条件下是不可能加以描述的。然而实际上通常使用的函数或数总是以这种或那种形式加以明显地定义，有讽刺意义的是，甚至狄利克雷函数也不例外，因为皮亚诺和雷内·贝尔（René Baire）证明它可用下面的表达式解析地表示：

$$f(x) = \lim_{m \to \infty} \lim_{n \to \infty} (\cos m! \ \pi x)^n。$$

奥利弗·亥维赛德（Oliver Heaviside）在研究电磁学的过程中，于 1893 年引进一个不适定函数 δ，由下面两个性质来定义：除了在 0 点之外，其值为 0；而在 0 点，函数值为 ∞，而且函数图像下方区域的面积等于 1。这个函数 δ 明显是自相矛盾的，它与常值函数 0 只相差一个点，而常值函数 0 的积分是 0，而不管我们在这样一点对函数指定任何值，都不能改变积分的值，但是，一个单独的值，没有定义而且还是无穷大，反而却产生一个有限的面积。

像 δ 这类不适定函数却容许数学家去表示不连续函数的导数，例如，δ 本身可被看成是亥维赛德函数 H 的导数。函数 H 描述瞬间单位脉冲，H 对于小于 0 的所有自变量取值 0，而在其他自变量取值 1。对上述解释的验证涉及一个极限过程，函数 δ 可以由一个函数来逼近，这个函数几乎处处为 0，除了在 0 周围附近，在这个区间上，δ 取的值要使得函数图像下方面积等于 1。至于函数 H，它被 δ 函数的上述逼近的积分所逼近，所有这些积

54 分在区间之前等于 0，在区间之后等于 1，但在这个区间之后，这个积分值以连续的方式由 0 变到 1（图 2.6）。

亥维赛德所使用的探索式的概念和步骤受到正统的数学家的指责，他

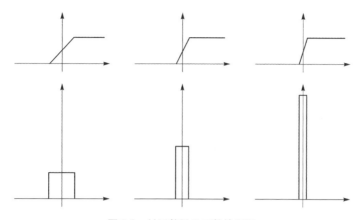

图 2.6　H 函数及 δ 函数的逼近

甚至由于犯了"理论上的罪"而被排除出英国皇家学会,结果,今天的 δ 函数不是用亥维赛德的名字来命名,而是保罗·狄拉克(Paul Dirac)的名字命名,因为狄拉克在他 1930 年出版的经典著作《量子力学原理》中使用 δ 函数。然而,狄拉克为此也受到严厉的批评,特别是受到冯·诺伊曼对他的批评。冯·诺伊曼是另一种量子力学的数学表述的作者,这我们将在第 4 章加以讨论。不过,由于狄拉克的名声,δ 函数立即得到物理学家的欢迎,随后也得到数学家的接受。

　　劳伦·施瓦兹(Laurent Schwartz)开创了广义函数的概念,使得其中也包含不适定函数 δ,他的工作开始于 1944 年,而在 1950 年由于出版两卷本《广义函数理论》而达到高潮。特别地,施瓦茨对广义函数发展了微分方法,证明每一个在古典意义下连续的函数作为一个广义函数也是可微的。这就包括一些病态的情形,例如将在后面讨论的科赫(Koch)曲线,它在任何点都不具有古典意义下的导数。因为这个工作,施瓦兹在 1950 年被授予菲尔兹奖,后来他成为一个坚决反对阿尔及利亚战争的最著名的法国知识分子,结果他的公寓遭到炸弹爆炸。55

　　广义函数是函数的推广正如实数是有理数的推广,因此关于函数的经典问题可以推广到分布上面。例如,前面已经提到过的希尔伯特第十九问题,问什么样的微分算子作用在函数上只有解析解。1904 年塞日·伯恩斯坦(Serge Bernstein)给出答案:椭圆算子。施瓦兹在他的书中提出把这个问题推广到分布上的微分算子上。拉斯·赫尔曼德尔(Lars Hörmander)得出的解,导致定义一类新的、重要的算子,即亚椭圆算子,这使其作者在 1962 年获得菲尔兹奖,又在 1988 年获得沃尔夫奖。

关于椭圆算子的重大结果之一是指标定理,它在 1963 年由迈克尔·阿蒂亚(Michael Atiyah)和伊萨多·辛格(Isadore Singer)所证明。算子的指标度量其解的数目,它表示为两个数的差,这两个数一个决定解的存在性(即解必须满足的线性关系组的维数),一个决定解的唯一性(即所有解空间的维数)。这定理的陈述证明,事实上指标是一个拓扑不变量,也就是它在该算子所定义的空间的微扰下不变。这样就使得我们可以通过另一种方法来计算指标,而且使我们在分析与拓扑之间架起一座富有成果的桥梁。原来的证明十分复杂,要求使用十分不同的、从托姆的配边理论(后面将会讨论)到阿蒂亚本人先前发展的 K 理论。阿蒂亚由于这些成就荣获 1966 年菲尔兹奖。近年来,指标定理重新用量子力学以及弦论(这我们以后还要讲到)来解释,这使得爱德华·威滕(Edward Witten)给出一个更简单、更易懂的证明,正因为如此,他获得 1990 年的菲尔兹奖。

56

2.8 微分拓扑：米尔诺的 怪异结构 (1956)

长时间以来，人们相信地球是平的，当我们只考虑地面上一小块面积时，这看来还是对的。这个事实表明，球面可以局部地看成欧几里得平面，即使从整体上讲不是（用专业语言来讲，球面局部微分同胚于平面，虽然并不局部等量于平面）。

因此，球面可以看成一个碎布团，由大量实际上平的小补丁块拼成，补丁块以齐一的、规则的方式相重叠。这样球面作为一个整体的结构，一方面可以归结为个别的补丁块的结构，另一方面可以归结为它们相对于标准参照系统的位置，例如相对于经线和纬线的格子。这种观察事物的方式使我们能够把微分法推广到球面上，也就是把原先在欧氏平面上创造和发展的导数和积分的整个工具推广到球面上。

1854 年，黎曼引进了 n 维黎曼流形的概念，推广了上述的方法，即把 n 维欧氏空间的极小块以一种齐一的、规则的方式补拼在一起。如果能把 n 维空间的通常的微分法推广到流形上面，就像上面在球面的情形一样，我们就说这样一个流形容许微分结构。

贝拉·凯雷克亚尔托 (Béla Kerékjártó) 在 1923 年、蒂伯·拉多 (Tibor 57 Rado) 在 1925 年以及埃德温·莫伊斯 (Edwin Moise) 在 1952 年的工作导致证明，所有二维或三维的黎曼流形以及除四维以外的所有欧氏空间都容许唯一的微分结构。并且可以确信，这对一般情形也成立。

然而，在 1956 年，约翰·米尔诺 (John Milnor) 证明，七维球面上容许不止一种微分结构(确定结果是 28 种)。这个意想不到的结果,开辟了所谓怪异(exotic)结构的微分拓扑学的新时代。由于这个结果,米尔诺 1962 年获得菲尔兹奖,1989 年获得沃尔夫奖。1959 年,米歇尔·凯外勒(Michel Kervaire)证明*存在 10 维流形,不容许任何微分结构。这个结果和米尔诺的结果一起证明,一般来讲,微分结构的存在性和唯一性都不一定成立。

1962 年,谢尔盖·诺维科夫(Sergei Novikov)找到大于或等于五维的微分流形的分类,为此他在 1970 年获得菲尔兹奖。微分拓扑学最近的发展因此涉及四维,只有在四维的情况下,欧氏空间的转动群不是单群(而是两个三维空间的转动群的乘积)。这个领域的重要结果由迈克尔·弗里德曼(Michael Freedman)和西蒙·唐纳森(Simon Donaldson)获得,由于他们的工作,他们获得 1986 年菲尔兹奖。

1982 年,弗里德曼证明,如何使每个单连通四维流形对应一个对称整数矩阵,其行列式等于±1,他是用流形的交截性质来定义的。反之每个这种类型的矩阵对应一个流形。换言之,这些矩阵定义拓扑不变量,结果导出单连通四维流形的分类。早在 1952 年,伏拉基米尔·罗赫林(Vladimir Rokhlin)已经证明,不是所有矩阵都对应微分流形。弗里德曼的结果于是证明存在不容许任何微分结构的四维流形。

唐纳森在 1983 年证明一个相关的结果,只有由微分流形所对应的矩阵才是酉矩阵。他还发现其他的不变量,这些不变量来区别那些拓扑等价的微分流形。特别是,他证明四维欧氏空间上存在怪异结构,在它们上面可能发生一些奇怪的事情。例如,在三维空间当中,任何闭且有界的区域包含在球面当中,可是与三维空间不同,在四维空间中,存在闭且有界的区域,它不包含在任何超球面当中。克利福德·陶布斯(Clifford Taubes)和罗伯特·贡普夫(Robert Gompf)在 1985 年证明,四维欧氏空间的怪异结构数目不仅无穷多,而且具有连续统的基数。

---

* 原文误作 1969 年。——译者注

　　唐纳森工作的有趣的方面在于他应用物理学的方法来得到数学的结果。这个方法启动一个研究动向,最后以威滕的工作到达顶峰,这我们将在后面讨论。基本上讲,唐纳森把麦克斯韦方程以及在电磁理论中典型的群 U(1) 用杨-米尔斯方程和群 SU(2) 来代替,SU(2) 群是电弱理论(我们将在后面考查)专用的群,并且他使用其极小解(即所谓瞬子 instantons)为几何工具。所有这些都提示我们通过同样应用相同方程但具有不同的群[例如色动力专用的群 SU(3)]可能会得到其他的结果。

　　回到微分拓扑学,还有一个至今仍未解决的问题,即是否四维球面容许一个以上的微分结构。假如答案是否定的,则米尔诺关于七维球面的定理就会成为可能最佳的结果。实际上,我们已经知道,二、三、五、六维球面只有唯一一种微分结构。不管怎么样,球面上微分结构的数目与维数是密切相关的,虽然除了四维之外,这个数目都是有限多。例如八维球面有两种微分结构;11 维有 992 种;12 维只有一种;15 维有 16 256 种;31 维种数超过 1 600 万种。

2.9 模型论：鲁宾逊的 超实数（1961）

　　数学中的无穷小（infinitesimals）首次明确出现于 15 世纪,当时尼古拉·库萨（Nicola Cusano）将圆定义为具有无穷多条边且边长为无穷小的多边形,并由此得到了由几行文字表述的阿基米德定理:将圆划分成无穷多个底为无穷小、高等于半径的三角形;由于每个三角形的面积等于底乘高的二分之一,因此圆的面积就会等于圆的周长(即,所有三角形底边长之和)与半径一半的乘积。

　　当然,这种方法的问题在于如何定义一个无穷小三角形。如果它的面积为 0,那么相应地圆的面积也为 0。反之,如果它的面积不是 0,那么相应地圆的面积就为无穷大。这两种情形我们都不会得到正确的结果。

　　1629 年,费马将无穷小用于导数的定义,之前他已将导数定义为曲线在某点处切线的斜率的度量。他考虑了穿过该曲线上两点的一条割线:一个点是给定的,另一个点与给定点的距离为无穷小 h。接着他计算了几何切线的(三角)正切为:增量变化的商(就像我们今天所做的一样)。举例来说,若曲线为抛物线:

$$\frac{(x+h)^2 - x^2}{h} = \frac{2xh + h^2}{h} = 2x + h = 2x。$$

这里假设 h 在作为因子消去时不同于 0,但在最后被除去时等于 0。这一程序在它的相容性方面无法避免地引起了强烈的质疑。

1635 年,博纳韦图拉·卡瓦列里(Bonaventura Cavalieri)将无穷小用于积分的定义中,之前他已将积分引入体积与面积的计算中。在库萨之后,卡瓦列里将几何量视为由无穷多个不可分量组成:曲线由点组成,就像"项链由珍珠组成";曲面由平行线段组成,就像"布由线组成";立体由平行的曲面组成,就像"书由页组成"。但与珍珠、线、页不同,这些不可分量的大小又是无穷小。

如果说莱布尼茨与牛顿充分发展了由费马和卡瓦列里引入的思想,为解决数学与物理中出现的问题发明了一套真正新奇的方法,但他们在针对无情并吹毛求疵的伯克莱主教(Bishop Berkeley)将无穷小称为"消失数量的幽灵"这一异议回应得不够。

特别地,莱布尼茨将整个微积分建立在无穷小量——一个他视为正在消失、但并没有消失的量(今天我们会简单地称之为非阿基米德量),也就是说,比任何分数 $1/n$ 都小,但不等于零——概念之上。甚至今天仍旧可以从关于这一新学科的著作《无穷小演算》(*infinitesimal calculus*)的书名中,以及从他所发明的导数与积分的符号 $\dfrac{\mathrm{d}f(x)}{\mathrm{d}x}$ 和 $\int f(x)\,\mathrm{d}x$ 中看到他的方法的痕迹。61

就这样导数被表示为两个无穷小的比(d 是"差"的第一个字母),而积分被表示为无穷小长度这样的不可分量的和($\int$ 是"和"的第一个字母 s 的拉长)。d 与 $\int$ 的对称使用引起了人们对牛顿与莱布尼茨基本定理的注意,根据这一定理,求导与求积分互为逆运算,就像求差与求和一样。

莱布尼茨通过使用无穷小建立微积分的方法反映了他的主要关注,这种关注是哲学方面的,与实体的最终成分(单子)有关。而牛顿的方法则反映了他对基本应用的关注,这种关注是物理方面的,与变化(速度)的度量有关。与卡瓦列里不同,牛顿将几何图形设想成是由连续运动产生的:曲线是由点的连续运动产生的;曲面是由线段的连续运动产生的;立体是由曲面的连续运动产生的。导数对他来说，不是两个无穷小之间的静态的比，而是一个"流动"量的动态的"流数"。在他的著作《原理》中，他清楚地表示："量消失之后得到的最终比，严格地说，不是最终量的比，但极限接近于这些无限递减的最终量的比。"

这种思想由柯西于 1821 年继续加以发展，他将极限概念作为整个微积分的基础。与今天人们所采纳的一样，在他的明确表述中，费马的例子变成了：

$$\lim_{h \to 0} \frac{(x+h)^2 - x^2}{h} = \lim_{h \to 0} \frac{2xh + h^2}{h} = \lim_{h \to 0} (2x + h) = 2x。$$

62　在这种方法里，由于 h 是不同于 0 的量而可以消去它，而让 h 趋向于 0 代替了将之除去（不必像以前一样将 h 视为 0）。换句话说，无穷小是变量，不是常量。

精确的极限定义由魏尔斯特拉斯于 1859 年给出，即用我们今天熟悉的 $\varepsilon - \delta$ 语言清晰地表述，基于极限的定义，系统的数学分析基础能够视为是完备的。然而，这种方法没有对无穷小加以解释，仅仅是成功地将它们除去，其代价就是使微积分的基础变得相当复杂。

1961 年，亚伯拉罕·鲁宾逊（Abraham Robinson）恢复了无穷小的原有地位，他证明了使用数理逻辑的方法，特别是所谓紧性定理，人们能够发现一类超实数（hyperreal numbers），该类具有与实数一样的性质，但除了通常的实数外，该类还含有其无穷小变量部分（正如，实数除了包含整数部分之外还含有小数部分一样）。

建立在实数上的经典分析能够扩展到建立在超实数上的非标准分析（nonstandard analysis），在超实数范围里，费马的例子变得绝对地正确：事实上量 h 不同于 0，所以它可以用做除数，而且即使 $2x + h$ 与 $2x$ 是不同的超实数，它们有相同的实部（就像两个小数可能不同但有相同的整数部分一样），因此从实数的角度来看是相等的。

实数域可以看成是有理数域的完备化,从小数展开式是有限或循环的数扩展到小数展开式是无穷的数。同样地,超实数类可以看成是实数域的完备化,通过将小数展开式是二重无穷的数包含于实数域中。

这一点暗示了进一步完备化的可能性,也就是其展开式更长。1976 63 年,约翰·康韦(John Conway)引入了超实数(surreal numbers),它的小数展开式跑遍由康托尔引进的所有种类的无穷大,这我们下节就要谈到。从严格的意义上来说,我们以这种方式获得了实数域最大可能的完备化。

2.10 集合论：科恩的独立性
定理(1963)

希尔伯特第一问题(因为将它看作是最重要的,所以放在第一个)只是问有多少个实数。从直觉的角度来说,希尔伯特第一问题的答案是显然的：有无穷多个实数。

但是康托尔已经说明我们不能简单地说是"无穷多个",就好像这是一个很好加以定义的概念。不仅仅是因为有很多类型的无穷大,而且因为每个类型的无穷大里面还有无穷多个成员。为了弄懂无穷大的丰富性,他重新发明了比较任意两个集合元素数量的抽象方法——这一方法已被伯恩哈德·波尔查诺(Bernhard Bolzano)于 1851 年使用过,邓斯·斯科特斯(Duns Scotus)于 13 世纪、伽利略于 1638 年已经预见到。

这一思想如下：两个集合含有元素的数量相等,如果它们之间存在一一对应,换句话说,如果有可能将两个集合的元素配成对并且两个集合的每一个元素有且仅有一个搭档。比如说,房间里的一组椅子和一组人所含成员的数量相等,如果没有椅子空着并且每个人坐且仅坐在一把椅子上。

可以认为一个集合比另一个集合的元素少,如果第一个集合与第二个集合的一个子集之间存在一一对应,但第二个集合与第一个集合之间不存在一一对应。比如说,两个数构成的集合的元素数量比三个数构成的集合的元素的数量要少;三个数构成的集合的元素数量比四个数构成的集合的元素的数量要少;等等。用这种方式很容易区分含有不同数量元素的有限集,也可以区分有限集与无穷集。

　　然而,人们会自然而然地期望所有的无穷集是等势的,康托尔的第一批结果也指向了这一方向。例如,他证明了整数集与正整数集之间存在一一对应,通过将整数集进行如下的排序:0,1,-1,2,-2,3,-3,…。

　　类似地,像约翰·法雷(John Farey)于 1816 年发现,正有理数与正整数之间存在一一对应,通过按分子与分母之和将正有理数排序,即:1/1,1/2,2/1,1/3,2/2,3/1,1/4,2/3,3/2,4/1,…(如人们所希望的,可以很容易地消除循环)。

　　但是在 1874 年,康托尔发现,实数与整数之间不存在一一对应。实数的每一种排序必是不完全的,因为它不包含这样的实数:该实数的第一位小数不同于该序列中第一个数的第一位小数;该实数的第二位小数不同于该序列中第二个数的第二位小数,等等。这样,实数的数量比整数的数量多,与上面的证明类似[以对角线方法(diagonal method)著称],康托尔于 1891 年证明了对每一个无穷集而言,总有另一个无穷集比该无穷集所含元素要多。

　　既然能够证明整数这个无穷集是最小的,那么实数这个无穷集一定比整数这个无穷集大。人们自然要问,实数无穷集是否为紧跟整数无穷集其后的无穷集,或者是否有另外的无穷集位于两者之间——换句话说,是否 65 存在实数集的一个子集,它所含元素比整数集的多而比整个实数集的少。1883 年康托尔猜想没有另外的无穷集位于两者之间,这一猜想以连续统假设(continuum hypothesis)著称("连续统"是给实数集起的名字)。

　　与这个问题相关的第一个结果由哥德尔于 1938 年获得。由于坚信维特根斯坦(L. Wittgenstein)的箴言"对于我们不能谈论的,我们必须保持缄默",他决定将自己的注意力集中于可构成集,只有这种集合我们能够用分层语言谈论它。哥德尔发现可构成集组成了一个集合,这个集合满足策梅洛—弗伦克尔公理与连续统假设。这意味着连续统假设的否定无法从这些公理中推得,除非这些公理是自相矛盾的。换句话说,连续统假设与集合论是相容的,从这种意义上来说,连续统假设是不能被否证的。

哥德尔结果的一个补充由保罗·科恩（Paul Cohen）于 1963 年获得。这次他决定将这个集合延伸到包含生成集（generic sets），该集满足集合所有的典型性质。科恩的发现是，将生成集加入可构成集产生了满足策梅洛—弗伦克尔所有公理（在某些情形下，也满足连续统假设的否定）的集合。这意味着连续统假设的否定也不能从这些公理中获证，除非这些公理是自相矛盾的。换个角度来说，连续统假设在下面意义上来说独立于集合论，即连续统假设在集合论中不能被证明也不能被否证（如哥德尔已经证明的）。由于这一结果，科恩获得了 1966 年度菲尔兹奖。

希尔伯特第一问题因此得到解决，结果是该问题不能用通常意义下的集合论概念加以解决。当然这不意味着，这些概念的推广（人们可能同样认为是自然的）不能在将来出现，或者不允许数学家以这样或那样的方式解决连续统假设。然而，我们当前要关注的是，哪些集合论的结果是用连续统假设（或者其否定）证明出来的，哪些是不用它就能证明出来的。

66

2.11　奇点理论：托姆对突变的分类(1964)

用解析方法描绘平面曲线的最简单的方法是用 x 和 y 的多项式,它们定义了所谓的代数曲线。1637 年,笛卡儿发现一次多项式描绘出直线,二次多项式描绘出圆锥截线,也就是双曲线、椭圆及抛物线,它们已经有希腊人研究过。圆锥截线这个名称是来自一个事实,它们都可以通过一个圆的投影和交截来得到,也就是从一个点投影一个圆可以得到一个圆锥。让平面交截这个圆锥就可以产生圆锥截线。

三次多项式定义三次曲线,对它们研究需要用到无穷小演算的新方法。牛顿在 1676 年发现,只有 80 种类型三次曲线,它们都可以由椭圆曲线经过投影及交截得出。之所以称呼为椭圆曲线,是因为它在计算椭圆的弧长中所起的作用(但是,椭圆可不是椭圆曲线),它的一般形式是

$$y^2 = ax^3 + bx + cx + d_{\circ}$$

再有,如果我们按照等号右端的三次多项式的可能的零点来分类的话,只有五种类型的椭圆曲线(图 2.7)。

更确切来讲,当三个零点都是实数时,可得到其中四种类型。如果三个零点全都不同,椭圆曲线由两部分构成,其中一部分是封闭曲线。如果零点中的两个重合,它们比第三个零点或小或大,如果小的话,曲线具有一个孤立点,如果大的话,曲线有一个结点。如果三个零点都重合,曲线具有一个尖点。当多项式具有非实数零点时,就出现第五种情况,因为实数系

67

68

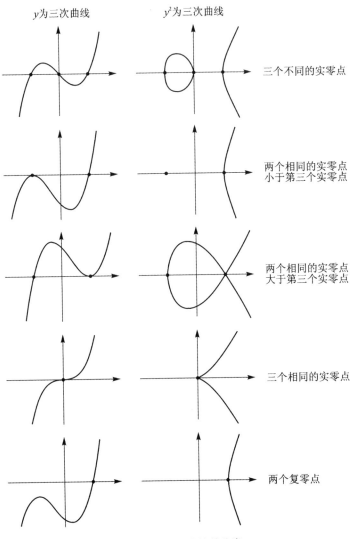

图 2.7　椭圆曲线的分类

数三次多项式总有一个实数零点,非实数零点总是成对出现,非实数零点必定是两个不同的复数。于是,曲线由一条单一的光滑曲线构成。

在椭圆曲线上每一点,切线是唯一的,曲线在切线的唯一一侧,但是对于更复杂的曲线,这个性质可能不成立,这时我们就碰到奇点。在某些椭圆曲线中,已经出现奇点,例如在结点处和在尖点处有两条切线,它们在结点处互不相同,而在尖点处重合为一条。在一个拐点处,曲线穿越切线,其凹凸性发生改变。1740 年,修道院院长让·保罗·德·古瓦·德·马尔维斯(Jean Paul de Gua de Malves)证明,在一般情形下,代数曲线的奇点可由结点、尖点和拐点以各种方式组合而成。

　　非代数曲线的研究更为困难,奇点理论的目标就是由曲线的奇点的局部知识推出曲线的整体行为。更一般来讲,奇点理论试图把曲线族或曲面族归结为少数几种类型而把它们加以分类,其中每种类型都是由它们的奇点决定,就像我们上面对三次曲线的分类一样。

　　导数的概念使得费马在 1638 年、牛顿在 1665 年去研究光滑曲线。所谓光滑曲线就是这种曲线它在每点都有导数,曲线的奇点就是使其一阶导数为零的点。光滑曲线可以通过局部变形约化成所谓正则奇点,也就是二阶导数不等于零。在正则奇点处,曲线可用二次单项式也就是抛物线来逼近,按照符号是正或负,抛物线开口向上或者向下,奇点从而成为极小或极大。例如,三次曲线 x^3 在原点处有一个奇点(非正则奇点),即拐点,其处切线是水平的。但是把切线做一个小的转动,可以把曲线变成 x^3+x 型的曲线,它没有奇点;或者变成 x^3-x 型的曲线,它具有一个极大点和一个极小点(图 2.8)。

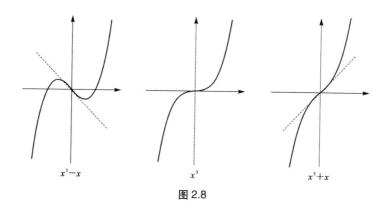

x^3-x　　　　x^3　　　　x^3+x

图 2.8

　　1934 年,马斯顿·莫尔斯(Marston Morse)把上面的结果加以推广,从曲线推广到 n 维曲面。他证明,通过所谓微分同胚的局部变形可以把光滑曲面划归成只有正则奇点的光滑曲面。在曲面上每一个奇点处，曲面都可以用每个变元的二次单项式的代数和即类鞍面来逼近。这种代数和的类型由具有正号或负号的单项式的数目来决定，也就是说，鞍面向上开口或向下开口的方向数目来决定。

70　　莫尔斯定理完全刻画正则奇点，留下刻画非正则奇点的问题有待解决。这类奇点称为突变，因为它们对应系统行为的根本分叉。雷内·托姆（René Thom）发展起来的突变理论的主题就是研究具有非正则奇点的曲面。

　　对于光滑曲线，仅有的突变是拐点，在拐点处曲线是平的，因为它穿越其水平的切线。当我们考虑 n 维曲面的情形时，就存在多种可能性，依赖于曲线呈平的那些方向的数目——余秩（corank），还依赖于为了消去非正则性所需极小复形的数目——余维（codimension）。例如，上面讲的三次曲线 x^3 的余秩等于 1，余维也等于 1，因为只需加一项即可以消除拐点。受到 1982 年沃尔夫奖获得者哈斯勒·惠特尼（Hassler Whitney）1947 年关于尖点工作的启发，托姆在 1964 年猜想：余秩与余维足以分类所有的突变。更确切地讲，当余维小于或等于 4 时，突变只有七种类型：四种类型余秩为 1，即折点（fold）、尖点（cusp）、燕尾（swallow tail）及蝴蝶（butterfly）形突变：三种类型余秩为 2，即角锥（pyramid）、荷包（wallet）、蘑菇（mushroom）突变（图 2.9）。对于更大的

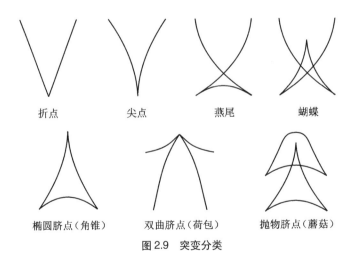

折点　　　　尖点　　　　燕尾　　　　蝴蝶

椭圆脐点（角锥）　　双曲脐点（荷包）　　抛物脐点（蘑菇）

图 2.9　突变分类

余维,突变型变得无穷多,托姆的猜想在 1966 年被约翰·麦泽尔(John 71
Mather)所证明。

对突变理论的兴趣来源于这样一个事实:它是第一个数学工具,它能够在混沌中建立某种秩序,在无规则行为中描绘规律性。托姆在他的 1972 年著作《结构稳定性与形态发生》中,开始应用突变理论来研究最纷繁多样的现象:从胚胎形成到革命爆发。后来,克里斯托弗·齐曼(Christopher Zeeman)把突变理论的应用推向极端。

从应用的观点来看,突变论在眼下已经从两个方面被超越,第一是伊利亚·普利戈金(Ilya Prigogine)耗散结构理论以及不可逆现象热力学,这理论使他获得 1977 年诺贝尔化学奖。第二是被混沌理论(chaos theory)与不稳定系统动力学所超越,这我们将在后面加以论述。

2.12　代数：高林斯坦的有限群分类（1972）

众所周知，自巴比伦时期就出现了任意二次方程

$$ax^2 + bx + c = 0$$

的简单代数求解公式，即

$$x = \frac{-b \pm \sqrt{b^2 - 4ac}}{2a}。$$

72　到了 16 世纪，尼科洛·丰塔纳［Niccolò Fontana，也以塔塔格里亚（Tartaglia）著称］、卡尔达诺和卢多维科·费拉里（Ludovico Ferrari）等几位意大利数学家又发现了任意三次或四次方程的代数求解公式。但对于任意五次方程的代数求解公式，直到 1799 年和 1824 年才分别由保罗·鲁菲尼（Paolo Ruffini）和尼尔斯·阿贝尔（Niels Abel）给出了其不存在性证明。

1832 年，伽罗瓦确定出哪些方程的解能用代数公式表示出来。为了阐述自己的理论，他引入了解的置换群概念。所谓集合的一个置换，就是对集合中元素的重新排序，如对（1 2 3）置换后可以得到（2 3 1）。

1849 年，奥古斯特·布拉维（Auguste Bravais）在研究结晶学中的问题时引入有关对称群的概念。为了说明这种群，我们不妨考虑在一定准则之下保持某一图形不变的那些几何变换，如正多边形在平面中的旋转变换或者正多面体在空间中的旋转变换，等等。特别地，通过对圆或球进行无限多次旋转（也就是旋转任意角度）能够得到一类非常有意思的对称群，即稍

后要谈到的李群(Lie group)。

如前所述,数学的各个领域都出现了不同类型的群。为此,1849 年,阿瑟·凯莱(Arthur Cayley)引入抽象群概念。给定一个集合及集合中元素的一种运算,若满足:

(1)集合中的元素反复进行运算后得到的结果仍然是该集合中的元素;

(2)存在一个"单位"元,与 0 在加法和 1 在乘法中的作用相同;

(3)运算可"逆",类似差(或除)是和(或积)的逆;

(4)运算满足结合律,在加法和乘法中即　　　　　　　　　　73

$$a + (b + c) = (a + b) + c, a \times (b \times c) = (a \times b) \times c。$$

则称该集合关于此种运算构成一个群。特别需要指出的是,运算不必满足交换律。交换律在加法和乘法中表现为 $a + b = b + a, a \times b = b \times a$。但一旦交换律成立,这个群就称为阿贝尔群。

由于群的概念具有一般性,它应用起来比较简单,但同时带来的一个问题是要想把群刻画出来却很难。伽罗瓦为群的根本简化做出了重大贡献,他定义了一类单群。正如素数是搭建整数的积木块一样,单群是群的基本组成部分。按群的分解来说,单群是只能分解成它本身以及平凡群(即只含一个元素的群)的群。这样,群的分类问题可以归结为对所有单群的分类。

在此方面,首先是对 1874 年索弗斯·李(Sophus Lie)定义的连续变换群的分类,继李之后,这些连续变换群称为李群。李群可以看成在局部坐标系上群运算解析的群。李群理论可以追溯到代数、拓扑以及分析等许多学科中,现今它已成为大量深刻而复杂问题的源泉,如希尔伯特第五问题,即是否每个局部欧几里得群(即可以在局部坐标系上考虑)都是李群。1952 年,安德鲁·格利森(Andrew Gleason)、迪恩·蒙哥马利(Deane Montgomery)和利奥·兹平(Leo Zippin)对这个问题给出了肯定的答案。

虽然李群含有无穷多个元素,但只需有限多个参数就能将其确定出来,这些参数的个数称为群的维数。例如,圆的旋转群[记为 U(1) 或 SO(2)]是一维的,因为我们只需确定旋转角;球面的旋转群[记为 SO(3)]是三维的,因为我们需要确定两个旋转轴(可以用球的经度和纬度来确定)和一个旋转角。

1888 年,威廉·基灵(Wilhelm Killing)对单李群进行了分类,1894 年埃利·嘉当(Elie Cartan)又做了进一步完善。首先,他们发现单李群存在四个无限系列,它们都是由方阵、也就是由 n 行 n 列的矩阵构成的群。其中,每个系列中的矩阵又都有其独特的性质,如 SO(n) 是特殊正交矩阵群而 SU(n) 是特殊酉矩阵群 *。除此,还存在不能纳入前面四个无限系列之中的五个散在的李单群,记作 G_2,D_4,E_6,E_7 和 E_8,其维数分别为 14、52、78、133 和 248。

如今,李群理论已成为物理学家用来描述粒子物理学中统一场论的一种语言。更精确地说,人们发现电磁力、弱核力和强核力保持某种对称,如场的相位旋转对称、粒子间的电荷交换对称以及夸克间的色交换对称。所有这些对称的性质都能用李群 U(1)、SU(2) 和 SU(3) 描述出来,这三个群的维数分别为 1、3 和 8,与传导这三种力的玻色子数目 1 个光子、3 个弱玻色子和 8 个胶子相对应。

1954 年,杨振宁和罗伯特·米尔斯(Robert Mills)首先从数学上描述这些对称,他们用 SU(2) 描述强相互作用(而不是弱相互作用)的对称,给出现在所谓的杨-米尔斯方程的第一个例子。接下来,1961 年穆雷·盖尔曼(Murray Gell-Mann)用 SU(3) 描述夸克的味(而不是色)对称,并因此项工作荣获 1969 年的诺贝尔物理学奖。1968 年,谢尔登·格拉肖(Sheldon Glashow)、阿卜杜斯·萨拉姆(Abdus Salam)和史蒂文·温伯格(Steven

---

* 之所以这样命名是因为由酉矩阵定义的线性变换保持长度(即距离)不变;而由正交矩阵定义的线性变换保持正交性不变。用专业术语来说,如果一个矩阵的行列式等于 1,则称这个矩阵为特殊矩阵;如果一个矩阵与它转置矩阵的乘积是单位矩阵,则称这个矩阵为正交矩阵;如果一个矩阵与它共轭转置的乘积是单位矩阵,则称这个矩阵为酉矩阵。

Weinberg)证明 U(1)×SU(2)是电弱理论的表征群,他们共同荣获了 1979年的诺贝尔物理学奖。最后要讲到的是,1973 年温伯格、戴维·格罗斯(David Gross)和弗兰克·维尔切克(Frank Wilczek)证明 SU(3)是色动力学的表征群。

通过发现包含乘积 U(1)×SU(2)×SU(3)的适当李群,物理学中的力最终走向了统一道路。满足这一数学条件的最小的单李群是 SU(5),维数为 24,但从物理学角度看它好像不太合适。以 SU(5)为基础上的大统一预言了可能存在质子过快衰变以及存在磁单极等可疑现象。目前,$E_8 \times E_8$(E_8是最大的散在的群)是包括重力在内的所谓万物理论(theory of everything)的最佳候选者,它的维数是 248×2,这预示着可能存在 496 个场玻色子(顺便提一下,496 是一个完美数!),但我们目前只知道前面提到的 12 个。

至于有限单群的分类,情况要比李群的分类复杂得多。到 19 世纪末,人们知道了六个有限单群无限系列和五个散单群。这五个散单群是埃米尔·马蒂厄(Émile Mathieu)1861 年在研究有限几何的过程中发现的,其中最大的一个含元素近 250 000 000 个。

在六个有限单群无限系列中,有四个对应于李群的无限系列,第五个有限单群无限系列属于循环群,也就是前面谈到的整数模 n 的剩余类群,单循环群正好是其中含素数个元素的群。

第六个有限单群无限系列是伽罗瓦定义的交错群。首先注意,每个置换都能通过改变邻接元素的顺序来得到。例如,对于置换(2 3 1),只需将(1 2 3)前两个元素的顺序进行交换,得到(2 1 3),然后再交换后两个元素的顺序。交错群是由所有偶置换构成的群,所谓偶置换就是把集合中邻接元素交换偶数多次得到的置换,上面的置换就是一个偶置换。若一个集合含五个及五个以上的元素,那么由这个集合上的置换所得到的交错群是单群(这正是伽罗瓦证明的、为什么五次及五次以上方程没有一般代数求解公式的原因)。

1957 年,克劳德·舍瓦莱(Claude Chevalley)发现新的有限单群无限系列。特别地,每个散在的李群都诱导出一个定义在有限域上的相应单群系列。1965 年,兹沃尼米尔·扬科(Zvonimir Janko)也发现一个新的散单群。他们的这些结果开辟了有限单群的新纪元,此后各种单群不断涌现,人们共发现 18 个有限单群无限系列和 26 个散单群,其中最大的散单群大魔群约含 10^{54} 个元素。与粒子物理学中的情况相同,人们往往是先从理论上预言出新的单群,然后再"从实验室观察到它们"。例如,贝恩德·费希尔(Bernd Fischer)和罗伯特·格里斯(Robert Griess)早在 1973 年就预言大魔群存在,但直到 1980 年才将其构造(靠手工!)出来。

然而,一个现实问题就是去证明有限单群分类的最终结果便是这 18 个有限单群无限系列和 26 个散单群,即证明每个有限单群或者属于其中的一个无限系列,或者属于其中的一个散单群。为此,1972 年,丹尼尔·高林斯坦(Daniel Gorenstein)提出一个分类纲领。1985 年,在经过上百名数学家的共同努力之后,这个证明最终得以完成。这是数学史上最复杂的一个证明,长达 15 000 页,分散在 500 多篇文章中!

高林斯坦分情况实施了自己的分类纲领,他首先把所有可能的情况归为大约 100 种,然后对每一种都证明一个限制分类定理。在所有这些情况中,最重要的是奇数阶单群。根据 1906 年的第二伯恩塞德猜想,这些单群可能只有素数阶($p>2$)循环群。1962 年,沃尔特·费特(Walter Feit)和约翰·汤普森(John Thompson)在一篇长达 250 页的文章中证明了这个猜想。汤普森因此项工作获得了 1970 年的菲尔兹奖和 1992 年的沃尔夫奖。[*]

然而有限单群分类并非故事的结束。1902 年提出的第一伯恩塞德猜想问:如果一个群有有限多生成元(即群中每个元素都可以表示成这些元素的组合)且为 n 阶周期群(即群中的每个元素自组合 n 次之后都变为单位元),它是否为有限群?其逆问题显然成立,如果这个猜想也成立,它必将完全刻画有限群,遗憾的是,佩特·诺维科夫[Petr Novikov,他是 1970 年

---

[*] 有限单群在 2004 年公认为已经完成。——译者注

菲尔兹奖得主谢尔盖(Sergei)的父亲]和亚迪安(S. I. Adian)在 1968 年证明该猜想不成立。

　　20 世纪 30 年代,有人重新表述第一伯恩塞德猜想的弱形式,这次问的不是群的有限性而是其有限商群个数的有限性问题。1991 年叶菲姆·齐尔曼诺夫(Efim Zelmanov)解决了这个问题:他首先证明当 n 是素数的方幂时该猜想成立,然后证明其一般情况可以利用有限群的分类定理化为这种特殊情况(目前还没有对这个猜想更直接的证明)。1994 年,他因此项工作而荣获菲尔兹奖。

2.13 拓扑学：瑟斯顿对三维 曲面的分类（1982）

78   19 世纪数学的伟大成就之一是从拓扑观点对二维曲面进行分类，也就是把它们看成橡皮膜，只要不撕破可以任意变形。从抽象的观点来看，一个鼓胀的球和一个瘪缩的球都是同一球面，哪怕从外表来看，一个看来是个球面，而另一个是蜷缩的薄片。另一方面，一个球面和一个救生圈是不同的曲面，因为球面不可能在不破坏的条件下变形成为一个救生圈。

    1858 年约翰·利斯廷（Johann Listing）和奥古斯都·默比乌斯（Augustus Möbius）发现了不可定向曲面，二维曲面的分类不可避免地使用这个概念，其中最著名的例子是默比乌斯带，它早在公元 3 世纪已经出现在罗马的马赛克上。取一条长方形的纸带，握住长条的一边，把另一边转 180°，然后把两个短边粘在一起，就做出默比乌斯带（不转 180°就做成圆柱面）。默比乌斯带只有一面，而且只有一边（图 2.10），而且它还是不可定向的，也就是

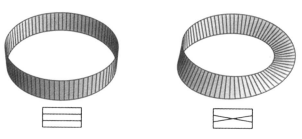

图 2.10 圆柱面和默比乌斯带

说,在其上我们不能区别顺时针方向和反时针方向(或者左手和右手)。实际上,一个按某个方向自旋的陀螺,沿着默比乌斯带绕行一周回到初始点时,它就按相反方向自旋。

　　黎曼在 1857 年的著作,默比乌斯在 1863 年的著作,克莱因在 1882 年的著作合在一起,导致了证明:每一个二维闭曲面从拓扑的观点来看,等价于两个无穷系列曲面中的唯一一个。第一系列曲面由球面和一系列(可定向)闭曲面构成,后者都是由球面添加有限多个(圆柱状)环柄构成。特别有趣的情形是球面只加上一个环柄,它等价于环形曲面,称为环面(图 2.11)。特别是二维可定向曲面由它的空洞数目完全决定(图 2.12)。第二个无穷系列都是由球面上打出有限多个孔,然后在每个孔上封上默比乌斯带(这个可以做到,因为每个默比乌斯带都只有一条边)。两个特别有趣的情形是球面上附加上一条默比乌斯带或者两条默比乌斯带。前者等价于被称为射影平面的曲面,后者等价于被称为克莱因瓶的曲面(图 2.13)。

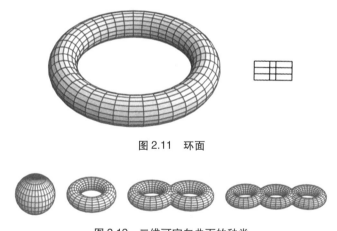

图 2.11　环面

图 2.12　二维可定向曲面的种类

　　一个二维曲面上有三种可能类型的几何:通常的欧氏几何、双曲几何和球面几何(后者与前者有着明显的区别,因为在球面上没有平行线,由于两个大圆总是相交)。对于曲面上相关的几何,这两系列的曲面可以如下划分:

80

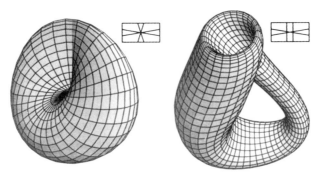

图 2.13　射影平面和克莱因瓶

对于球面和射影平面,我们可以指定球面几何;对于球面和克莱因瓶,我们可以指定欧氏几何;对于其他所有曲面,我们可以指定双曲几何。

在二维曲面的分类完成以后,自然的一步就是试图对三维曲面进行分类。在 20 世纪 70 年代,由威廉·瑟斯顿(William Thurston)开始。甚至这项工作还没有完成,他已由他的成就获得 1983 年菲尔兹奖。他证明,在三维情况下,不止有三种可能的几何,而是八种。其中有欧氏空间的几何、双曲空间的几何、超球的几何、具有球截面的超柱的几何以及其他三种几何(其中两种对应于在欧氏空间中定义一种与通常距离不同的距离)。更为糟糕的是,并非所有三维曲面只允许这些几何中的一种;因此,一般来讲,

81　有必要把三维曲面切成若干段,对于不同段确定其不同的几何。幸运的是,正如米尔诺在 1962 年所证明的,三维曲面能够通过适当的二维切割,以本质上唯一的方式分解成典型的片段。这样一来,剩下唯一要干的事就是对这些典型的片段指定他们的几何。对于许多(尽管还不是全部)三维曲面这已经完成。正如二维曲面的情形一样,双曲几何在三维继续再一次占有最大的份额。

在我们讨论怪球面时,已经提到四维曲面的拓扑分类,弗里德曼的这个结果已使他获得 1986 年菲尔兹奖。对于五维或者更高维曲面,可以由同伦论得到一个分类,这我们在后面还要讨论到。因此,三维情形是唯一有待完成的工作,然而,这还不是故事的结局。

　　事实上,高维曲面存在一个重要的子类,它由(实或复)代数流形构成,它们由代数方程组来定义。复一维代数流形(或代数曲线)是某种特殊的实曲面,它们的拓扑分类于是从上述通过孔洞数的一般分类得到。

　　复二维(或实四维)代数流形(或代数曲面)的分类是意大利几何学派的引人注目的重要成果之一,它是由朱多·卡斯泰尔诺沃(Guido Castelnuovo)、费代里戈·恩瑞克斯(Federigo Enriques)和弗朗西斯科·塞韦里(Francesco Severi)在 1891 年到 1949 年间得到的。在某种情形下,例如所谓非正则曲面,证明仍然不完全,这是因为缺少必要的技术工具,而这只有到 20 世纪 50 年代才由小平邦彦研究开发出来,他由于这项工作,获得 1954 年菲尔兹奖,获得 1984—1985 年度沃尔夫奖。二维代数流形的分类定理现在也称为恩瑞克斯-小平定理。

82

　　对于复三维(或实六维)代数流形更为困难的研究最早是科拉多·塞格里(Corrado Segre)开始的,但在这种情形下,缺乏适当的技术工具构成了更加大的阻碍,这使意大利学派除了一些重要的直觉和猜想之外,没有取得多大进展。开发出必要的技术以及三维代数流形的分类却成了日本几何学派所获得的惊人成果之一。广中平祐、丘成桐、森重文由这项工作分别获得 1970 年、1983 年、1990 年菲尔兹奖。特别是广中证明如何通过把一个流形通过解消其中的奇点变换成一个没有奇点的流形。丘成桐刻画卡拉比—丘(Calabi-Yau)流形不仅是分类的重要的一部分,而且正如我们将在后面看到的,也在弦论中找到未曾想到的应用。森重文陈述并完成了所谓极小模型纲领而分类,就是基于这个纲领的。

2.14 数论：怀尔斯证明 费马大定理（1995）

1637 年，费马阅读丢番图的《算术》（这是一本 3 世纪的极其重要的著作），在该书的页边上，他记下了如下的评述："把一个立方数分成两个立方数，或者更一般地当 n 大于 2 时，把一个 n 次方数分成两个 n 次方数，是不可能的，对于这个事实，我已经发现了一个真正了不起的证明，但是页边太窄写不下。"对于三次方数的情形，早在 1070 年奥马尔·海亚姆（Omar Khayyâm）已发现这个论断。海亚姆是一位数学家也是诗人，是《鲁拜集》（*Robâi'yyât*）的作者。对于一般情形，这个论断被称为费马最后定理或费马大定理，费马之后 350 年间，它是数学中最为著名的问题之一。

83

费马要求 n 大于 2 是因为先是巴比伦人，后是毕达哥拉斯学派，已经知道存在平方数可以写成两个平方之和，例如 $3^2 + 4^2 = 5^2$，即 $9 + 16 = 25$。

在费马的手稿中已经发现 $n = 4$ 的情形下的费马大定理的证明，这个证明使用了一个独创的方法，即所谓无穷下降法（infinite descent）。其步骤是，首先假定定理不成立，即存在一个解，然后证明那就必定存在一个解，其中这三个数不大于前面三个数，而且至少一个数严格小于前面的数；这样一来，就导致不可能的无穷递降。

随着时间的流逝，一些最伟大的数学家研究了这个问题并在各种特殊情形下证明了这个定理：欧拉在 1753 年证明了 $n = 3$ 的情形，狄利克雷和勒让德（A. Legendre）在 1825 年证明了 $n = 5$ 的情形，拉梅（G. Lamé）在

1839 年证明了 $n=7$ 的情形,库默尔(E. E. Kummer)在 1847 年到 1857 年间对小于 100 的所有 n 证明了定理。到 1980 年,费马的论断对小于 125 000 的 n 得到证实,但是,费马大定理的一般证明仍然缺失。

头一个真正一般的结果是通过相当间接的方式得到的。其出发点是注意到,费马定理是要求形如

$$a^n + b^n = c^n$$

的方程的整数解。因为由此可以得出

$$\left(\frac{a}{c}\right)^n + \left(\frac{b}{c}\right)^n = 1。$$

于是,问题就变成求出形如

$$x^n + y^n = 1$$

的方程的有理数解。 84

当 x 和 y 在实数范围内变化,这些方程就定义了一条曲线,当把 x 和 y 看成复变数时,它们就定义了一张曲面。这些曲面可以按照其孔洞数目来分类。例如,当 $n=2$ 时,曲面没有孔洞,因为由方程定义的曲线是一个圆,曲面是一个球面,它们都具有无穷多有理解,这些解丢番图已经知道如何来表出。

对于 n 大于 2 的情形曲面上就有孔洞:当 $n=3$ 时有 1 个孔洞, $n=4$ 时有 3 个, $n=5$ 时有 6 个,如此等等 (图 2.14)。当然,随着孔洞数增加,曲面的复杂性也增加,可能找到简单(即有理数)解的可能性就减少了。

除了我们上面提到的方程之外,另外一种类型的方程同时也证明特别的重要,这就是椭圆曲线,我们在前面已经提到,对于椭圆曲线,对应的曲面的孔洞数等于 1,在这种情形下,也有

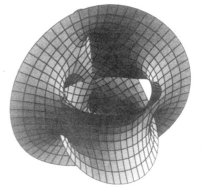

85

图 2.14　对于方程 $x^3+y^3=1$ 的曲面

可能具有无穷多有理数解。

1922 年,列奥·莫德尔(Leo Mordell)提出了莫德尔猜想(Mordell conjecture),容许存在无穷多个有理数解的方程只有两类:即它们所定义的曲面或者没有孔洞或者一个孔洞。这就意味着,如果莫德尔猜想为真,则费马定理几乎为真。因为对于所有大于 3 的 n($n=3$ 的情形已经被欧拉解决),方程所定义的曲面的孔洞数都大于 1,因此,它们最多只有有限多个有理数解。

1962 年,伊格尔·沙法列维奇(Igor Shafarevich)提出自己的沙法列维奇猜想。在某些条件下,可以通过下面步骤求出方程的解:首先把整数限制为不超过某些素数,然后在这些(有限的)特殊情形下求解方程,最后把这些解放在一起,得出原来方程的解。换句话说,这个方法是谋求通过解用各种素数除所得余数的知识来得出解。

1968 年,帕尔申(A. N. Parshin)发现了两个猜想之间的联系,他证明由沙法列维奇猜想可以推出莫德尔猜想。1983 年,格尔德·法尔廷斯(Gerd Faltings)证明了沙法列维奇猜想,由于这个结果,他在 1986 年被授予菲尔兹奖。他的证明很大程度上要用德林(P. Deligne)对另一个猜想——韦伊猜想的证明,对此,我们后面还要更进一步论述。

莫德尔猜想的证明是如此重要,以至于被赞扬为"世纪定理",但是它似乎对证明费马大定理没有多少助益,这是由于方程

$$x^n + y^n = 1$$

86 的哪怕是一个单个的有理数解,就会给出方程

$$a^n + b^n = c^n$$

的一个整数解,从而得出无穷多整数解(只需在第一个解上乘以一个常数)。可是,事实上 1985 年,安德鲁·格兰维尔(Andrew Granville)和罗杰·希斯-布朗(Roger Heath-Brown)成功地从法尔廷斯定理推出:对于无穷多个素数指数,费马大定理成立。实际上,从测度论的角度来看,这是对

几乎所有素数指数,费马大定理成立。

对于所有大于 2 的指数来证明费马大定理是循着另外一条间接的途径得到的,中间通过所谓的谷山(Taniyama)猜想。这一次,其出发点来自这样的考虑,方程

$$x^2 + y^2 = 1$$

可以用三角函数即正弦和余弦函数 sin 和 cos 来参数化,它们满足基本方程

$$(\sin \alpha)^2 + (\cos \alpha)^2 = 1。$$

因此,对于 $n = 2$ 的情形,解费马方程就等于求一个角度,其正弦及余弦均为有理数。同样,双曲正弦和双曲余弦给出方程

$$x^2 - y^2 = 1$$

的参数化。

从定义圆锥曲线的二次方程转到三次方程,谷山在 1955 年猜想,比三角函数更为一般的某些模函数(modular functions)可以同样方式对任意的椭圆曲线参数化。

1985 年,格哈德・弗雷(Gerhard Frey)注意到谷山猜想和费马大定理之间的联系:他提出把椭圆曲线

$$y^2 = x(x + a^n)(x - b^n)$$

对应于费马方程

$$a^n + b^n = c^n。$$

87

弗雷注意到,他的椭圆曲线具有一些性质实在太好以至难以成真。例如,决定多项式

$$(x + a^n)(x - b^n) = x^2 + x(a^n - b^n) - a^n b^n$$

的根存在性的判别式,即

$$\Delta = \sqrt{(a^n - b^n)^2 + 4a^n b^n} = a^n + b^n = c^n$$

是一个完全 n 次方,1986 年肯·里贝(Ken Ribet)证明弗雷曲线不能由模函数来参数化,这从另一方面也就意味着,费马大定理可以由谷山猜想推出。

现在就"只"剩下一个问题,即证明谷山猜想。1995 年,怀尔斯设法对其中的一部分,也就是对所谓的半稳定椭圆曲线这类椭圆曲线,证明了谷山定理。而弗雷曲线也属于这一类。这样,他就解决了近代数学中最著名的未解决问题。由于这个有重大历史意义的结果,怀尔斯获得 1995/1996 年度沃尔夫奖,但他没有能够在 1998 年获得菲尔兹奖,因为他那年已超过 40 岁。

1999 年,布赖恩·康拉德(Brian Conrad)、理查德·泰勒(Richard Taylor)、克里斯托弗·布留伊(Christophe Breuil)和弗雷德·戴蒙德(Fred Diamond)最终完成了怀尔斯的工作。他们证明,对于非半稳定椭圆曲线,谷山猜想同样为真。

2.15　离散几何：黑尔斯解决开普勒问题(1998)

　　1600 年,沃尔特·雷莱爵士(Sir Walter Raleigh)向数学家托马斯·哈里奥特(Thomas Harriot)提问,关于计算一堆炮弹中共有多少炮弹的公式。当然,答案依赖于这些炮弹如何堆放,于是哈里奥特认真思考,什么是最有效的堆放方式。1606 年,这个问题引起天文学家约翰尼斯·开普勒(Johannes Kepler)的注意,他发现这个问题与雪的结晶的形成、蜂房的建造以及石榴子的聚集等问题十分类似。开普勒觉得,在所有这些情况下,有相同机制在起作用,凭借着这种机制,摆放在各种形状的空间格子上的球在增长过程中倾向于完全填满中间的间隙。

88

　　1611 年,开普勒把其中的数学问题重新表述如下:求出给定半径的球的构形具有极大的密度,即所有球体积与包含它们的空间的体积的最小(极限)比值。平面上一个类似的问题是问给定半径的圆的构形具有极大密度,这时考虑的是面积而不是体积。

　　对于圆来说,两个最明显想到的构形是正方形和正六角形(图 2.15),

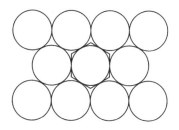

图 2.15　圆的构形

开普勒求出其密度分别是近似等于 0.785 和 0.907。正如人们通过简单观察就可以看出，正六角形构形是两者之中最好的。但是，这并没有解决我们的问题：什么是所有可能构形中最好的！

1831 年，高斯证明，在所有格子构形中，正六角形构形是最佳的。所谓格子构形，是指这些圆的圆心形成一个平面格子，即对称的平行四边形构形。1892 年，阿克塞尔·图埃（Axel Thue）声称，他证明，正六角形构形是绝对最佳的，但是他的证明直到 1910 年才发表。

在空间中，通过把一层球放在另一层球的上边，可以得出四种明显的构形。对于水平的球层，我们有两种选择（正方形的和正六角形的），对于垂直的球层也有两种选择（球的中心排成列线上或不排成列线上）。事实上，上述四种构形只有三种，因为如果水平层摆放时，球心不排成列线，不管水平层是正方形还是正六角形都产生相同的构形（图 2.16）。

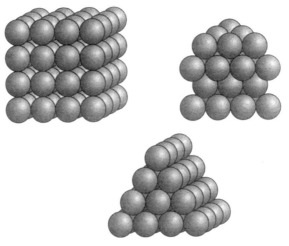

图 2.16　球的构形

开普勒计算正方形列线构形、正六角形列线构形和（正方形或正六角形）非列线构形的密度。它们分别近似等于 0.524，0.605，0.740。因此非列线构形是三者之中最佳的。事实上，在商店中自发地用来展示水果的正是这种构形。

高斯证明,正如平面中的正六角形构形一样,空间中的非列线构形在 90 所有格子构形中是最佳的。在非列线构形中,球心形成一个空间格子,即对称的平行六面体构形。一般的情形构成希尔伯特第十八问题的第三部分。它在 1998 年由托马斯·黑尔斯(Thomas Hales)解决,他证明,非列线构形是真正有效的构形。证明的结构使我们想起四色问题的证明,对此我们以后还要再讲到。在这两种情形下,它们都是减少验证的构形数目的问题,我们减少构形的数目一直到它足够小以至计算机能够完成验证。在黑尔斯的证明里,减少构形数目的过程用了 250 页,计算机程序用 3G 字节。

随着维数的增加,对这问题的兴趣也增长起来。在二维情形,我们可以把 4 个半径为 1 的圆放在边长为 4 的正方形中,在正方形的中心留下的空间可容下半径为 $\sqrt{2}-1 \approx 0.41$ 的小圆。在三维情形,我们可以把 8 个半径为 1 的球放在边长为 4 的立方体中,立方体中心留下的空间可放置一个半径为 $\sqrt{3}-1 \approx 0.73$ 的小球(图 2.17)。更一般来讲,在 n 维情形,我们可以把 2^n 个半径为 1 的超球放在边长为 4 的超立方体中,在超立方体中心留下的空间可容下半径为 $\sqrt{n}-1$ 的小超球。

图 2.17

随着维数的增加,正如我们已经从二维增加到三维时所看到的那样,可以塞进超球之间的小超球半径也越来越大。在 9 维时,小超球的半径为 $\sqrt{9}-1=2$。因此,小超球触及超立方体的表面,而 n 大于 9 时,它真正从超 91 立方体表面爆出来!

高维超球的最佳格子构形问题已经解决到维数 8。然而格子构形不一定总是具有最大密度的构形。例如,在 10 维情形就出现有最大密度的非格子构形。这是约翰·利奇（John Leech）及斯隆（N. J. A. Sloane）在 1971 年证明的。

24 维的情形特别有趣。1965 年，利奇构造一个构形，后来称为利奇格，它可能是所有格子构形中最佳的，其中每个超球都同 196 560 个其他超球切触（在三维空间中的非列线构形中，每个球与其他 12 球切触）。康韦从研究利奇格出发，在 1968 年得出有限单群分类定理中的 26 个散在单群中的 3 个。

在多维空间中寻找最高密度构形的问题在信息传输问题中十分重要，特别对于数据压缩和纠错编码方面。n 个记号的二元串可以看成 n 维超立方体的顶点。为避免传输错误，我们希望具有编码信息的顶点互不相邻。具有极大密度的超球构形使得有编码信息的数目极大化同时使误差的可能性极小化。利奇格正是在这样类型的问题背景之下被发现的。

第3章　应用数学

就像罗马神话中的两面神一样,数学也具有两面性。一面朝内,面向 92 人类的理念世界和抽象世界;一面朝外,面向客观世界和物质世界。第一面代表数学的纯粹性,完全关注学科的创造成果,试图知道和理解它们是什么。第二面构成应用数学,其动机是功利的,目标是看他们能用这些相同的创造成果做什么。

数学在其整个历史发展过程中一直具有一个主要特征——实用性。从古埃及到古巴比伦,再到工业革命,每个经典数学分支在最初发展阶段都曾受到实际问题的刺激:算术受到计数问题的刺激;几何学受到农业问题的刺激;数学分析受到物理学问题的刺激。随着时间的推移,实用主义与功利主义的动机一直推动这些领域的发展,同时,它们也刺激这些领域的理论发展,而且常常产生意想不到的结果。

20世纪的数学在这方面也不例外,它的许多新分支同样是出于对外界的关注,为解决现实世界中的问题才产生的。其中一些动力来自像物理学那样发展比较完善的科学领域。事实上,就算物理学没有直接促使张量演算、泛函分析以及纽结理论的产生,但肯定推动了它们的发展,目前,这些 93 理论已成为广义相对论、量子力学和弦论中的重要工具。

另外一些推动因素来自到20世纪才发展起来的科学领域。由于适当的数学工具的发现,专家们能处理和解决一些重要问题,其中以经济学和生物学为典型代表。博弈论、一般均衡理论和最优化的创立能解决经济学领域的问题,而长期困扰生物学的难题可以用纽结理论来解决。

我们刚刚提到的数学工具在技术上可说是极端的复杂,稍后将会更详细地谈到。但这种技术的复杂性对于产生惊人结果的数学论证来说并不是必不可少的,只要技术的复杂性的缺失能够为适当分量的哲学的复杂性所弥补就行。在继续往下讲之前,我们利用上述领域的三个例子来说明即使是最初等的数学,如果能巧妙运用,也可以解决科学中的一些非常重要的基本问题。

其中,第一个问题涉及物理学中的实在性概念。随着量子力学的发现,尤其是随着用波函数来描述亚原子现象,人们对这一观念产生了质疑。由于对它解释的困难,尼尔斯·玻尔(Niels Bohr)提议不要把这个理论看成是描述假想的物理粒子,而是看成由测量装置上得到的实验结果。按照玻尔的说法,过去用来描述宏观世界的实在性概念在微观世界就没有什么意义了。

无疑,对新物理学的这种唯心主义的解释遭到一些人、特别是阿尔伯 94 特·爱因斯坦(Albert Einstein)的强烈反对。爱因斯坦终其一生都相信可以找到亚原子现象的实在论描述,而量子力学只不过是它的一个近似描述。1935 年,他提议了一个著名的思想实验,即以其提出人命名的爱因斯坦-波多尔斯基(Podolski)-罗森(Rosen)实验,论证了量子力学的不完全性。

1964 年,约翰·贝尔(John Bell)找到一种可以靠经验检测的思想实验,其结果出人意料!考虑连续通过两个偏振过滤器的一束光线。量子力学预言且经验证明:这束光线穿过第一个过滤器后,穿过第二个过滤器的光量子率是 $\cos^2(\alpha)$,其中 α 是两个过滤器偏振方向的夹角。

我们现在就考察一下把每个过滤器按 90°、60°或 120°放置时发生的现象。若两个过滤器的方向相同(占 9 种可能情况的 1/3),那么通过第一个过滤器的光线的所有光量子都能通过第二个过滤器。但若两个过滤器的方向不同(占 9 种可能情况的 2/3),它们总构成一个 60°角,那么通过第一个过滤器的光线的光量子只有 $(1/2)^2 = 1/4$ 通过第二个过滤器。因此,平均起来只有 $1/3 + 2/3 × 1/4 = 1/2$ 的光量子通过第二个过滤器。

贝尔发现这些实验结果与如下假设矛盾:光量子实际上可以看成是沿某一特定方向偏振后到达过滤器的粒子。如果假设成立,当过滤器的方向相同时,穿过这两个过滤器的光量子也相同。如果每个过滤器都按这三个方向的其中一种进行偏振,那么穿过第一个过滤器的光量子至少有 5/9 穿过第二个过滤器,显然大于 1/2。事实上,在过滤器具有相同方向的这三种情况中,通过两个过滤器的光量子数目相同;若一个光量子通过沿两个 95 不同方向放置的过滤器,那么当两个方向互换后,也就是其他两种情况下,这个光量子也应该可以通过这两个过滤器。

因此,简单的算术计算表明,朴素实在论的假设与实验结果相矛盾。1982 年,阿兰·阿斯派克特(Alain Aspect)通过一系列著名实验验证了一些更为复杂的贝尔定理,这些定理说明尽管或许可以用实在论解释量子力学,但要保持我们关于宏观世界实在论的观念完好无损,是不可能的。特别地,我们不能再假设空间中分离的对象不能瞬时作用以及存在整体联系性(而这不是西方文化传统的一部分)。

第二个基本问题是以个体偏好为基础的社会选择的概念,属于选择体系。它来自各个方面,如政治大选中的候选人选举、理事会对经济计划的选择,等等。

1785 年,马利·让·安托万·尼古拉斯·德·卡里塔特[Marie Jean Antoine Nicolas de Caritat,更以孔多塞侯爵(Marquis of Condorcet)著称] 发现,这个问题中存在着诸多困难,下面就是一个很好的例子。在 1976 年的美国大选中,吉米·卡特(Jimmy Carter)战胜杰拉德·福特(Gerald Ford),而福特曾在共和党总统候选人提名中战胜罗纳德·里根(Ronald Reagan)。但根据投票结果,里根本来会击败卡特——他在 1980 年确实做到了,尽管那时的政治环境与 1976 年的不同。因此,孔多塞预见到将会出现一种悖论:在通过连续投票产生候选人的大选体系中,如果一个候选人与另一个候选人竞选,获胜者可能与选举的顺序密切相关。例如,如果先是对卡特和里根进行投票选举,然后再对其获胜者(里根)和福特投票选举,那么最终的胜利者将是福特。

96 　　由此,一个很明显的问题出现了,即为了避免发生上述类似情况,能否变革大选体系呢? 1951 年,肯尼斯·阿罗(Kenneth Arrow)惊人地发现答案是否定的,这就是社会选择理论的起源。阿罗因此项工作荣获 1972 年的诺贝尔经济学奖。

　　阿罗的定理表明,任何大选体系都不能同时满足如下所有原则: 个人自由性(每个选举人都能根据自己的意愿投票选举候选人);投票决胜制(选举结果只取决于每个候选人的得票数);全体一致性(获得全票的人胜出);专制排除制(任何选举人都不能私自决定选举结果)。

　　显然,在任何民主体系中人们往往都会认为阿罗定理中的假设是必要的,由此,这就意味着阿罗已经证明不存在民主政治。在我们看来有意思的是,该定理的证明属于数学论证,它实质上只是对孔多塞的悖论条件进行了简单的公理化。这表明即使对乍看上去不适合做形式分析的人文科学,数学也大有用武之地。

　　最后一个基本问题与自我繁殖的概念有关,自我繁殖是生物体的特征。1951 年,冯·诺伊曼在研究细胞自动机理论时,考虑到制造一台自己能复制自己的机器。受计算理论中一种技巧的启发,他从数学上解决了这个问题。

　　设想一台机器 B,它能像万能制造机一样根据对一已知机器的描述 m 制造出任何类型的机器 M。特别地,B 可以根据对它自身的描述 b 制造

97 自己,但这并不是真正的自我复制。事实上,从机器 B 和它的描述 b 构成的系统出发,可以得到 B 的一个副本,但是它的描述 b 的副本消失了。

　　为了避开这个问题,再设想一台机器 P,它能像万能复印机一样复制任何给定的描述 m。把机器 B 和 P 组合在一起,我们得到新的机器 A,由描述 m,可以得到 m 的一个副本,此外还可以建构一台 M,由此既得到 M

又得到 M 的描述 m。现在 A 以及它自身的描述 a 构成一个自我繁殖体系，因为这个体系构造了机器 A 和 A 的描述 a。

上面的过程可以看成是机器复制中的内容。1953 年，弗朗西斯·克里克（Francis Crick）和詹姆斯·沃森（James Watson）发现，冯·诺伊曼的论证也为生物繁殖提供了一种分子模型，1962 年，他们因在这个领域所作的工作而荣获诺贝尔生理学或医学奖。更精确地说，描述 m 起着基因或 DNA 片段的作用，它把复制时所需要的必要信息进行编码。令 P 是一种特殊的酶，即 RNA 聚合酶，可以复制 RNA 片段中的遗传物质。令 B 是核糖体，它根据这个片段提供的信息制造蛋白质。A 是一个自我繁殖细胞。

当然，这种模型不仅过于简单，而且完全绕开了整个机制的化学"细节"，特别是，克里克和沃森发现了著名的 DNA 双螺旋结构。从我们的角度来看，有意思的是说明如何从理论上找到自我繁殖的方略，并利用简单的逻辑技巧从实际上找到它。

关于初等数学在这些基本问题中的应用就先介绍到这儿，现在我们介绍一下高等数学在一些更专门的科学性问题中的应用。

3.1 结晶学：比伯巴赫的 对称群(1910)

98 基督教传统中的戒律简言之就是"除了我以外,再没有其他的神"[《出埃及记》(*Exodus*),20：3－6;《申命记》(*Deuteronomy*),5：7－10],其最初表述中继续道："你不要把自己偶像雕刻成天上飞的、地上跑的和水中游的。"

阿拉伯人和希伯来人严格禁止形体艺术,他们发展纯粹抽象的几何艺术,探究各类壁画。14世纪,他们取得了这一领域中最为辉煌的成果——格拉纳达的阿罕布拉宫(Alhambra in Granada)铺砌(图3.1)。

当然,壁画的数目无穷无尽,但却只有有限多种类型。从数学角度来看,这些壁画展现出来的对称可以根据保持壁画不变的变换的组合(也就是各种对称群)进行分类,这些对称变换包括:沿一条直线的平移、关于一条直线的反射或者是关于一个点的旋转。

1891年,费德罗夫(E. S. Fedorov)证明:对于装饰性嵌

图 3.1 阿罕布拉宫中的铺砌

线或柱基这样的线性壁缘,只存在 7 种不同类型的对称群(图 3.2);对于地面或挂毯这样的平面装饰,只存在 17 种不同类型的对称群(图 3.3)。除此之外,这些平面群只有 180°、120°、90° 和 60° 的旋转对称,即它们可能是轴对称、三角形对称、正方形对称或六边形对称。阿罕布拉宫以及从埃及到日本各个文明中的装饰都几乎使用了上述所有对称。

小亚细亚的"龙凤"地毯

布尔日(Bourges)大教堂的有色玻璃

首饰盒装饰(法国文艺复兴时期)

古希腊羊皮纸的边缘

庞贝(Pompei)的镶嵌图案

中国瓷器上的装饰

意大利文艺复兴时期的锦缎

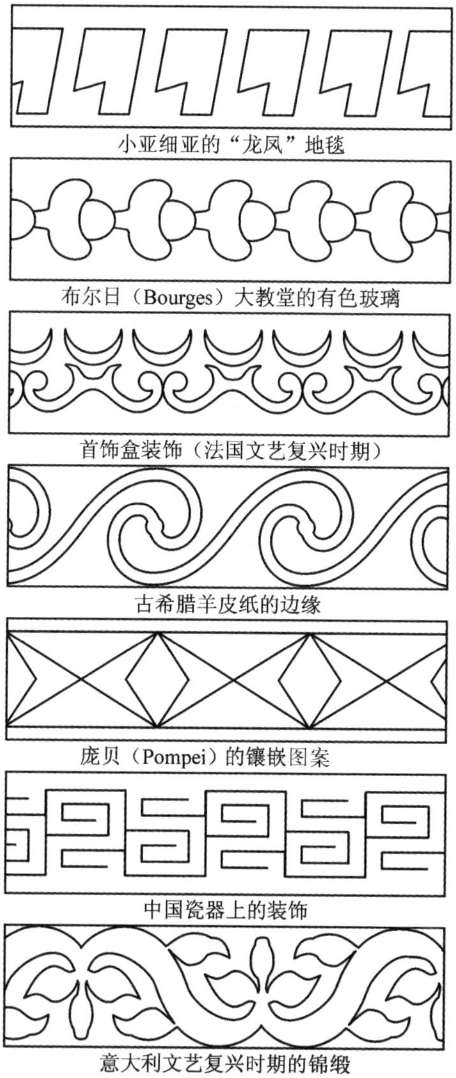

图 3.2　7 个线性对称群

101

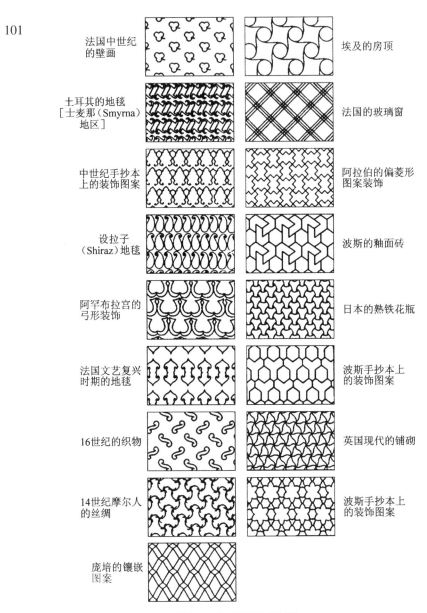

法国中世纪的壁画

埃及的房顶

土耳其的地毯［士麦那（Smyrna）地区］

法国的玻璃窗

中世纪手抄本上的装饰图案

阿拉伯的偏菱形图案装饰

设拉子（Shiraz）地毯

波斯的釉面砖

阿罕布拉宫的弓形装饰

日本的熟铁花瓶

法国文艺复兴时期的地毯

波斯手抄本上的装饰图案

16世纪的织物

英国现代的铺砌

14世纪摩尔人的丝绸

波斯手抄本上的装饰图案

庞培的镶嵌图案

图 3.3　17 个平面对称群

如果说二维空间中最常见的对称对象是壁画,那么三维空间中最常见的对称对象则是晶体。结晶学是最先应用群论的领域之一,奥古斯特·布拉维(Auguste Bravais)早在 1849 年就开始了这方面的研究工作。1890 年,

99

费德罗夫证明只存在 230 种不同类型的空间对称群,之后,对于平面对称群,人们也证明了类似结果。

　　希尔伯特第十八问题的第一部分指出,是否对每个 n,都只存在有限多 102个 n 维对称群。1910 年,路德维希·比伯巴赫(Ludwig Bieberbach)肯定地回答了这个问题,但对于一般的 n,人们至今也没有得到用来计算对称群数目的显式公式。事实上,直到 20 世纪 70 年代,人们才证明出四维空间中存在 4 783 个对称群。

　　第十八问题的第二部分是对第一部分的补充。它不再求解铺砌平面的对称方法数,而是考察是否存在一种瓷砖能以一种非对称方法覆盖整个平面。1955 年,黑什(H. Heesch)肯定地回答了这个问题[图 3.4 是毛理兹·埃舍尔(Maurits Escher)给出的一个例子]。

103

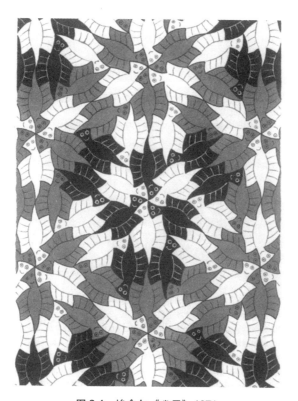

图 3.4　埃舍尔,《幽灵》,1971

更多苛刻的要求是,能否找到一类瓷砖,它们只能以一种非周期方法覆盖整个平面,也就是在不重复无限多相同布局的情况下覆盖整个平面? 这个问题由逻辑学家王浩在 1961 年提出。他在此方面的兴趣源于如果这个问题的答案是否定的,就能够判定任意一组给定瓷砖能否覆盖整个平面。

1966 年,罗伯特·伯杰(Robert Berger)证明,不存在这样的判定方法,因此存在不同种类的瓷砖只以一种非周期的方法覆盖整个平面。伯杰最初给出的例子非常复杂,要用到 20 246 种不同的瓷砖。1974 年,罗杰·彭罗斯(Roger Penrose)找到一个非常简单的例子,只需使用两种瓷砖(图3.5)。目前我们还不知道是否存在只需一种瓷砖的例子[但 1993 年约翰·康韦(John Conway)发现,存在只以一种非周期方式覆盖整个三维空间的多面体]。

104

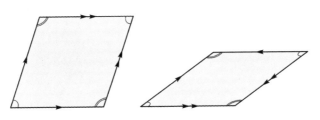

图 3.5　彭罗斯瓷砖

图 3.6　彭罗斯对称

从数学角度看,彭罗斯的例子很有意思,因为它展现了任何对称平面铺砌都不可能具有的一种五角形旋转对称性。后来,该结果与物理学联系在一起,1984 年,晶体学专家丹尼尔·谢克特曼(Daniel Schechtman)发现,具有一种分子结构的铝锰合金,其表面呈现的对称性与彭罗斯的例子不谋而合,这是任何晶体结构都不可能具有的。这些类型的结构称为拟晶。

拟晶的发现表明群论不是用来描述自然的最佳工具,需要建立一种更一般的理论。于是对拟晶性质的研究以及对它们结构进行分类的寻求,特别是拟晶体群,引起一些数学家的注意,如谢尔盖·诺维科夫和恩里科·邦别里,他们二人分别是 1970 年和 1974 年的菲尔兹奖得主。

3.2　张量演算：爱因斯坦的广义相对论（1915）

长期以来，人们一直认为地球是扁平的，这说明了从直觉上看，一个球的半径越大，它的曲率越小。于是，从形式上便可以把圆的曲率定义成半径的倒数。1671 年，牛顿给出更复杂的曲线的曲率定义，即把曲线上的每个点的曲率定义成在那点与曲线非常接近的圆（称为密切圆——源自拉丁语 *osculum*，原意是亲吻）的曲率。

1827 年，高斯定义了曲面曲率，即曲线在每一点处的极大曲率与极小曲率的乘积，这里的曲线是曲面与垂直于过那点的切平面的平面的交线。例如，球的曲率与它大圆的曲率相同，因为大圆正好就是上述的交线；柱面的曲率为 0，因为上述交线是一条直线。

为了计算高斯定义的曲面曲率，有必要从外部、也就是从包含着该曲面的空间中测量一些数据。但是高斯发现，或许只利用曲面本身的一些测量数据也可以计算出这个曲率，特别地，他在没有从外部空间观察的情况下得出"地球是圆的"这一结论。

接下来高斯花费大量精力证明了一个令人非常满意的定理，他甚至称之为绝妙定理：具有内蕴几何（即曲面上的图形在曲面上到处移动而不变形）的曲面正好是常曲率曲面。在这样的曲面上，直线对应的是所谓的测地线或者是保持两点间距离最短的线。例如在球面上测地线是大圆的弧；在柱面上，测地线是将柱面沿轴剖开展成平面后连接两点的线段。

在平面中，具有常曲率的曲线只有直线和圆，它们的曲率分别为 0 和一个正常数。但是高斯发现也存在曲率为负常数的曲面,如以曳物线(图 3.7)著称的曲线绕着它的渐进线旋转而得到的伪球面。我们可以把曳物 106 线看成拉一端绑有石头的固定长度的绳子沿直线行走时,石头滑过的轨迹(即曲线与其一条切线的切触点到这条切线与曲线渐近线的交点间的距离是常数)。

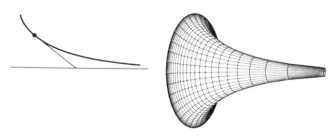

图 3.7　曳物线与伪球面

1854 年,黎曼把曲率的概念推广到流形(流形并不总能嵌入到欧几里得空间)上,确定出具有常曲率的流形的几何。如果曲率为 0,这种几何就是欧氏几何,如果曲率为正就是球面几何,如果曲率为负就是双曲几何。特别地,伪球面代表着欧氏空间中双曲平面的一部分模型(只是一部分,因为伪球面有一个洞,但双曲平面没有)。正是在研究这部分模型的过程中,贝尔特拉米得到了第 2 章提到的双曲平面的第一个完整模型。

黎曼流形除了作为数学中的几何模型外,也可作为物理界的模型。首先在此方面做出尝试的是高斯,他通过地理测量来研究宇宙的几何是否真的如我们一直认为的那样是欧氏几何。

在几何上有重大意义的量只是那些与给定坐标系无关的量,如距离。107 对物理定律来说,同样如此。但由于物理学中的表达方法不同,要想使用黎曼几何,就必须首先研究微分方程在黎曼流形上进行坐标变换时的不变性。

为此,格里高里·里奇·库尔巴斯托罗(Gregorio Ricci Curbastro)自 1892 年起便做了大量工作,他得到一种工具——张量演算。张量是按如下形式变换的量：它们在新坐标系下的分量是老坐标系下分量的线性组合，其中的系数由这个变换的导数给出。另外，里奇也定义了张量的代数运算（和与积）和微分运算（共变微分法），因此有可能把欧氏情况下发展出来的整套分析工具推广到黎曼流形上。

1901 年，里奇和图里奥·列维-齐维塔（Tullio Levi-Civita）以张量形式，即关于坐标变换不变的一种形式表示了几条物理定律。但张量演算最有趣的应用应归功于爱因斯坦，1915 年他在张量演算中找到了用来描述广义相对论的理想工具。

爱因斯坦采用的黎曼流形是四维的，其中三维表示空间，另一维表示时间。由此，它们常被称为时空模型。流形的具体形式，特别是它的曲率，由宇宙中的物质分布来决定，与物体沿着最小抵抗线朝斜坡下滚动类似，这里的自由物体沿着测地线在流形上运动。

一旦把引力归结为几何，很自然地就是把物理学中的其他作用力也进行类似的归结。1915 年，希尔伯特首次阐述了包含电磁学在内的一种理论。他根据其第六问题的要求，即对物理学进行公理化，从单一的变分原理漂亮地推导出爱因斯坦方程和麦克斯韦（Maxwell）方程。

108 　　赫尔曼·外尔（Hermann Weyl）从另一个角度进行了尝试，1918 年，他利用仿射（非黎曼）四维流形代替度量（黎曼）流形描述了引力和电磁力。在这种流形中，尽管平行性与坐标系无关，但对距离来说却不一定如此。于是，这就要求对测地线给出新的定义，因为它不能再定义成两点间距离最短的线。事实上，希尔伯特第四问题已经包含了这一要求，即对测地线的概念进行更一般的研究。1917 年，列维-齐维塔给出了解决方案，把测地线定义成了其切线彼此都平行的曲线。

从物理学的角度来看，虽然外尔（以及希尔伯特）的理论并不能令人满意，但它开辟了对几何学中非黎曼流形的研究。目前还没有既能处理引力场又能处理电磁场的圆满方案，这属于一种更一般的问题，也就是把所有的力都统一到万物理论中。

3.3 博弈论：冯·诺伊曼的 极小极大定理(1928)

生活时常迫使我们在各个范围(个人、家庭和社会)和各个领域(道德、经济和政治)内做出选择,尽管我们可能不太了解当时的环境、其他人的行为以及各种选择造成的后果。博弈论的目标是以一种典型的科学方式,也就是从实际情况中抽取出能用形式化的方法来处理的基本要素,为我们的决策过程建立一种数学模型。

这种分析的头一个最重要的例子可以追溯到托马斯·霍布斯(Thomas Hobbes)1651 年出版的《利维坦》(*The Leviathan*)。霍布斯是一位英国哲学家,他在该书中提出以下思想:人性具有一些暴力特征,一方面要攻击所有人,另一方面又害怕别人,换句话说,人性不喜欢配合他人,而是喜欢他人都配合自己。迫于抑制这些暴力特征的需要,人类社会结成联盟。通过社会契约,人类放弃了实施暴力的权利而换来有保障的安全,最后的社会秩序不仅对制定者有好处而且对所有人都有好处。因此,这样的社会契约的后果是游戏规则的改变。

另一个例子可以追溯到让-雅克·卢梭(Jean-Jacques Rousseau)1755 年出版的《论人类不平等的起源与基础》(*Discours sur l'origine de l'inegalité parmi les hommes*)。在其中一节内容中,他把人类社会看成是一个临时联盟的发展史,这种联盟的形成是为了人们在一起捕捉个人捕捉不到的大型动物。当两个人都在追捕一只鹿时,其中一人可能碰巧看到一只野兔,他完全可以靠自己的实力捕捉到这只野兔,于是可能会禁不住去抓这只野

109

兔,因为尽管抓到鹿要比抓到野兔好,但抓到野兔总要比什么也抓不到好。正由于想到对方可能不去抓鹿而去抓野兔,他抓野兔的想法便更强烈了。

现实生活的博弈游戏中也有许多这样的例子,这就是博弈论(game theory)名称的来源。像纸牌或国际象棋这类游戏,它们不仅可以用来作乐,也可以训练思维,比如玩军棋时要用到军用地图和玩具兵。人们认为,1866年的普奥战争、1870年的普法战争和1905年的日俄战争中使用的成功战略都是从军棋游戏中获得的灵感。

1912年,恩斯特·策梅洛向国际数学家大会提交的文章是有关博弈论的第一项数学工作。其中他证明,国际象棋(或者不能永远进行下去的任110何游戏)博弈在如下意义下是确定的:要么存在总让白子赢的策略、要么存在总让黑子赢的策略,要么存在总让双方陷入平局的策略。然而,由于它不能确定出到底会发生其中的哪一种情况,因此只能说是一种存在性而不是构造性结果,没有什么实际应用。

1921年,法国海军部长埃米尔·博雷尔(Emile Borel)建立了博弈论的基础。他以纸牌游戏为例解决了"诈骗分析"(analysis of bluffing)这一大难题。除此,他提出确定哪种情况下存在优化策略以及如何找到这种优化策略的问题。

1928年,冯·诺伊曼利用布劳威尔的不动点定理证明了博弈论的第一个深刻定理,指出在所谓的零和博弈(即参赛双方中一方的收益等于另一方的损失)和全信息博弈(即参赛双方都明确知道对方可能采取的策略以及造成的结果)中,存在一种策略可以使参赛双方都使他们的最大损失极小化,这就是极小化极大这一名称的来源。

对于每一步行动,参赛双方都要考虑对方可能采取的所有行动以及自己所蒙受的最大损失,然后采取一种让自己损失最小的行动。

如果参赛双方的极小化极大值的绝对值相等,符号相反,那么极小化极大损失这一策略对双方都是最优的。如果他们的极小极大值都为0,则没必要比赛。

后来,冯·诺伊曼多次改进并推广极小极大定理,如将其推广到不完全信息博弈或多人博弈等,其中多人博弈更难一些,因为它可能涉及以联盟形式组成的多人合作问题。1944 年,冯·诺伊曼与经济学家奥斯卡·摩根斯坦(Oscar Morgenstern)合作发表了《博弈论与经济行为》(*Theory of Games and Economic Behavior*),这是冯·诺伊曼工作发展的巅峰。 111

1950 年,约翰·纳什(John Nash)提出纳什均衡的概念,这是对最优策略给出的最令人满意的形式。特别地,在零和博弈这种情况中,纳什均衡概念正好就是冯·诺伊曼的极小化极大。纳什证明两人或多人参加的非合作博弈(不一定是零和博弈)能够到达一种均衡,1994 年他因此项工作荣获诺贝尔经济学奖。

当两人参赛时,纳什均衡是使双方都不会感到遗憾的一种状态,因为他们每个人都事先了解对方的行为,可以按自己的最优策略进行比赛。也就是说,尽管一般来说这种状态通过双方共同的行为可能会发生改变,但绝对不可能因单方的行为而改变。

显然,如果一种状态不是均衡的,那么它是不合理的,因为至少参赛者中有一方有理由相信他或她能做得更好。因此纳什均衡是合理行为的一个必要条件,但它不是充分条件,因为在有些博弈中纳什均衡状态完全不合理。

1950 年,艾伯特·塔克(Albert Tucker)提出的囚徒困境就是一个典型的例子。警察捕获了两个犯罪嫌疑人并把他们关在不同的房间审讯。如果只有一个人指控另一个人,那么指控人就会无罪释放,被指控人则被判刑 10 年。如果双方相互指控,他们就都被判刑 5 年。但如果双方都不指控对方,便能同时无罪释放。纳什均衡在这种情况下就是犯罪嫌疑人相互指控对方,但这并不合理,因为最好的办法是他们都不指控对方。

20 世纪下半叶,博弈论在冲突的分析和解决过程中扮演着重要角色,为各个工业化国家,特别是被美国政府官员的军事、经济及政治顾问所广泛采用。 112

3.4 泛函分析：冯·诺伊曼对量子力学的公理化（1932）

数学物理中的问题很自然地导致了微分方程和积分方程（也就是在微分和积分符号下给出一个未知函数的方程）的产生。关于微分方程，自 17 世纪末人们便先后研究了常微分方程和偏微分方程的解法。与之比较起来，积分方程的求解更富挑战性，直到 19 世纪早期才有了明显进展。19 世纪 90 年代，维托·沃尔泰拉（Vito Volterra）开创了积分方程的一般理论，在戴维·希尔伯特（David Hilbert）的努力下，这一理论在 20 世纪的前十年中得到了全面发展。

数学分析的发展历程表明，在数学中我们不仅要研究作用在数上的函数，还要研究作用在函数上的泛函。举个例子来说，正如平方运算或者是开方运算把一个已知数与另一个已知数——平方或者平方根联系起来一样，微分或（不定）积分运算把一个已知函数与另一个函数，也就是它的微分或（不定）积分联系了起来。另外，我们知道，给定一个方程，实质上就定义了一个或多个数（即它的解），那么给定一个微分或积分方程，实质上也就定义了一个或多个函数（即它的解）。

在研究这些泛函，特别是变分学和积分方程理论中的泛函时，人们遇到很多困难，这就迫切要求发展一种用以揭示泛函性质的抽象而独立的理论，于是泛函分析便应运而生了。从名称上看，泛函分析与（实或复）分析不同，后者研究的是作用在（实或复）数上的函数。

实（或复）分析是欧几里得空间上建立起来的，其中的点就是它们的笛卡儿坐标。比如在 n 维空间中，一个点相当于 n 个数 $x_1, \cdots, x_n$，利用毕达哥拉斯定理，可以得到这个点到原点的距离 $\sqrt{x_1^2 + x_2^2 \cdots + x_n^2}$。

在研究积分方程的过程中，希尔伯特不得不考虑那些可以表示成无限和且具有无穷多个系数 $x_1, x_2, \cdots$ 的函数（傅里叶级数）。他发现要想使这些函数能够归属于他的理论，就需要满足 $x_1^2 + x_2^2 + \cdots$ 是有限数，那么自然地 $x_1^2 + x_2^2 + \cdots$ 的平方根也是有限数。因此数列 $x_1, x_2, \cdots$ 可以看成是"无限维"欧几里得空间中点的坐标，且毕达哥拉斯定理仍然成立。1907 年，埃哈德·施密特（Erhard Schmidt）和莫里斯·弗雷歇（Maurice Fréchet）引入希尔伯特空间 H，其中的元素是满足上述条件的具有无限多坐标的点。

既然这些数列只不过是希尔伯特用来研究函数的一种方式，施密特和弗雷歇也定义了泛函空间 L^2，其中的点是（定义在某一区间上的）函数，所满足的条件与希尔伯特的类似，即它们平方的勒贝格积分是有限数，并因 114 此称为 L^2。弗里德里希·里斯（Friedrich Riesz）和恩斯特·费希尔（Ernst Fischer）所谓表示定理实质上指出：希尔伯特空间 H 和泛函空间 L^2 本质上一样。

1922 年，斯特芬·巴拿赫（Stefan Banach）引入一类更大的空间——巴拿赫空间，希尔伯特空间 H 和泛函空间 L^2 都成了它的特例。事实证明，巴拿赫空间是对积分方程理论发展过程中所需要的那些性质的真正公理化。特别地，根据约瑟夫·刘维尔（Joseph Liouville）1832 年给出的技巧，利用逐次代换，这些方程的解的构造都作为了巴拿赫一般不动点定理的特例。

但是泛函分析的真正胜利并不是在积分方程领域取得的，它几乎马上在量子力学领域中得到了意想不到的应用。出于探索目的，最初人们给出量子力学的两种不同阐述形式，其中一种由维尔纳·海森伯（Werner Heisenberg）利用无限可观测矩阵给出，他因此项工作获得 1932 年的诺贝尔奖，另一种由埃尔温·薛定谔（Erwin Schrödinger）利用波函数给出，他因此项工作获得 1933 年的诺贝尔奖。但事实证明，这两种阐述形式等价！

1926 年冬天，希尔伯特本着第六问题的精神，试图从上述两种阐述形式中提炼出一种在理论上令人满意的公理化阐述形式，反过来，再通过这种公理化阐述形式得到原来的那两种阐述形式。遗憾的是，他的思想在当时并没有付诸实施，因为用以证实这种思想的广义函数论还没有发展起来。然而 1927 年，他的助手冯·诺伊曼根据空间 H 和 L^2 重新表述了他的思想。冯·诺伊曼通过空间 H 得到海森伯的量子力学阐述形式，通过空间 L^2 得到薛定谔的量子力学阐述形式。另外，由里斯-费希尔表示定理，可以证明这两种形式等价。

冯·诺伊曼此方面的工作，在他 1932 年的经典著作《量子力学的数学基础》(*Mathematical Foundations of Quantum Mechanics*) 中达到巅峰，其中，他把量子系统中的无限多种状态表示成希尔伯特空间中一点的坐标，把这个系统中的物理量(如位移和速度)表示成某些泛函或者是我们通常所说的算子。这样，关于量子力学的物理就简化成了关于希尔伯特空间上特殊(线性埃尔米特)算子的数学。例如，著名的海森伯不确定性原理指出不可能尽如人意地同时确定一个粒子的位移和速度，我们能将其转译为相应算子的非交换性。

受物理学应用中的刺激，既然一个系统中的物理量可以表示成算子，那么对这些算子的研究无疑具有重大价值，它逐渐演变成现代数学的一个重要分支——冯·诺伊曼算子代数。这些代数能够以各种方式分解，如分解成两个算子集合，满足第一个集合中的元素可以与第二个集合中的元素交换，这样的因子称为 I 型因子，此外，还有 II 型和 III 型因子。阿兰·孔涅(Alain Connes)对 III 型因子进行了完全分类，并因这项工作荣获 1983 年的菲尔兹奖。沃恩·琼斯(Vaugham Jones)由 II 型因子的研究得到我们稍后要讲的纽结不变量，并因此项工作荣获 1990 年的菲尔兹奖。

但对巴拿赫空间，他们的理论很快就遇到一系列的问题和看似无法克服的障碍，以至出现了暂时的衰退现象。然而，随着以施瓦兹和格罗滕迪克为代表的法国学派对新的方法论的引入，许多经典问题最终得以解决，

20 世纪 50 年代这一理论重获新生。施瓦兹和格罗滕迪克分别是 1950 年和 1966 年的菲尔兹奖得主。当前,这一领域正经历着第三次回春,1994 年和 1998 年的菲尔兹奖授予了让·布尔甘(Jean Bourgain)和威廉·高尔斯(William Gowers)便是最好的证明。布尔甘确定了与希尔伯特空间类似的最大一部分巴拿赫空间。高尔斯证明具有许多对称的唯一的巴拿赫空间(即与它的每个子空间同构)是希尔伯特空间,另外,也存在几乎没有对称的巴拿赫空间(即与它的任何真子空间都不同构)。

116

3.5 概率论：柯尔莫哥洛夫的公理化（1933）

具有概率性质的问题最早出现在机遇游戏、特别是掷骰子的游戏中。1494 年，卢卡·帕乔利（Luca Pacioli）出版了《算术、几何、比与比例集成》（*Summa*），他指出：在一次游戏中，参赛双方先获 n 个点的人为赢家，但若他们分别获 p 个点和 q 个点时比赛中断，该如何分配赌金？

1526 年，卡尔达诺在《机遇游戏》（*Liber de ludo aleae*）一书中考察了这个问题，并明确给出乘法法则：两个独立事件同时出现的概率等于它们各自出现的概率之积。

布莱兹·帕斯卡（Blaise Pascal）和费马 1645 年就此问题的通信标志着概率论的正式诞生。他们利用所谓的帕斯卡三角形，也就是二项展开式系数的性质解决了这个问题。为此，必须计算出一个参赛者赢得剩下所有点的概率，赢得剩下所有点减 1 的概率，赢得剩下所有点减 2 的概率，等等，直到计算出使他在比赛中获胜所需赢得的最少点数的概率。

1656 年，克里斯蒂安·惠更斯（Christian Huygens）发表了帕斯卡的解法，引入期望值的概念，也就是根据投入的赌注玩多次游戏后期望获得的平均收益。惠更斯认为：在一定情况下，期望收益值是可能收益与获得收益的概率之积；总收益值等于所有可能情况下的期望收益值之和。

1725 年，丹尼尔·伯努利（Daniel Bernoulli）发现一个与期望值有关的悖论：若某赌场给第 n 次才将硬币掷为"正面"的人 2^n 元钱，问玩家愿意花多少钱参加这样一个游戏？

对连续试验来说,一次收益都要比上一次收益加倍,但是获胜的可能性减半,当 n 次试验之后,对所有 n,期望收益值都相同;因此总的期望收益值将为无穷大。这样,赌徒就想孤注一掷,但这显然与实际情况不符,现实是赌徒投入的钱越多,他赢的钱比本钱多的概率越小。

伯努利提出的这个悖论的关键在于钱多少不是绝对的,而是取决于你有多少钱;同样是一笔钱,在没有钱的人看来它可能很多,但在有很多钱的人看来它可能就很少。为了计算期望收益值,我们必须用赌徒的钱数,即效用值乘以概率,而不是用实际收益值乘以概率。例如,假设效用值依对数减少,那么总收益便不再是无穷大,而是变得很小,这样便消除了悖论。

1713 年,丹尼尔的叔叔雅各·伯努利(Jacques Bernoulli)的遗著《猜度术》(*Ars conjectandi*)出版,这是第一部概率论著作,其中讲到大数定律:若在 n 次试验中一个事件发生 m 次,那么随着试验次数的增加,比值 m/n 越来越接近这个事件发生的概率。大数定律使得当不能先验地计算出有利结果及所有可能结果的数目时,能在原则上计算出后验概率。

然而,现实中还有一个问题,那就是根据一个事件在 n 次试验中发生　118
m 次,从统计上推断出这个事件发生的概率。1761 年,托马斯·贝叶斯(Thomas Bayes)对此进行了研究,他的解法用到了贝叶斯定律:两个事件同时发生的概率等于其中一个事件发生的(无条件)概率乘以另一件事在第一个事件发生的条件下发生的概率。

1777 年,乔治·路易斯·勒克莱尔,即蒲丰伯爵(Georges Louis Leclerc, Count of Buffon)考虑了下面的投针问题:在纸上画出一系列等距离的平行线,取一根长度为两相邻平行线距离一半的针任意投在纸上,则针与平行线相交的概率是多少? 既然针的下落方式取决于它与平行线的交角,我们就希望其答案以某种方式依赖于 π,蒲丰果然证明出这个概率是 $1/\pi$。根据大数定律,我们可以通过多次投针估计出 π 的值。这是对现在所谓的蒙特卡罗方法(Monte Carlo method)的首次应用:为了计算某个常数的值,首先证明它等于某一事件的理论概率,然后通过试验多次模拟这一事件。

1809 年,高斯发现著名的钟形曲线 e^{-x^2},它反映出经反复试验而得到的平均误差的概率分布(图 3.8)。因为误差大于与小于实际值的概率相等,同时出现较大误差的概率又很小,所以这条曲线对称且在两侧都趋近于 0。当然,还有许多曲线具有这种性质。从 e^{-x^2} 可以看出,高斯是在研究最小二乘法(通过最小化各个误差的平方和来求一组数据的最佳逼近)时得到的这条曲线。

119

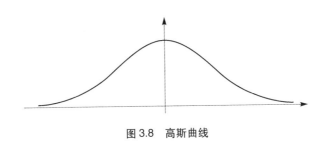

图 3.8　高斯曲线

1812 年,皮埃尔·西蒙·德·拉普拉斯(Pierre Simon de Laplace)的著作《概率的分析理论》(*Théorie analytique des probabilités*)出版,将上面所有成果都囊括在了其中。特别地,他通过一系列的工作对概率论进行了系统化,如把一个事件的概率定义成有利结果数和所有可能结果数之比,证明高斯曲线下的面积是 $\sqrt{\pi}$,以及考虑概率在自然科学和社会科学中的各种应用。

如果这时说概率论已经发展成熟还有点为时过早,因为还缺少一个抽象的定义。事实上,希尔伯特第六问题也需要这样一个定义。为此,在 1931 年,1980 年沃尔夫奖得主安德列·柯尔莫哥洛夫(Andrei Kolmogorov)意想不到地给出了基于勒贝格测度的概率概念。

柯尔莫哥洛夫的思想是:不仅公理化地定义一个事件的概率,而且定义一组事件的概率。每组事件都对应 0 到 1 间的一个数(它的概率),满足性质:事件组为空时概率为 0,所有可能事件的概率为 1;把可数多(不相容)事件组"加"在一起构成的事件组的概率等于各事件组的概率之和(可列可加性)。

　　如存在有限多个几乎相同的事件,那么根据上面的定义,全部事件的概率是 1,因此各事件概率之和为 1,既然所有事件都相同,那么每个事件的概率为 $1/n$。

3.6 优化理论：丹齐格的 单纯形法（1947）

120   20 世纪上半叶，一些对立但趋同的因素导致了经济规划理论的发展。在苏联，计划是共产主义诞生的理论结果，并在五年计划的实践中找到其具体表现形式。另一方面在美国，计划成为资本主义发展的实际需要，它促使了用于管理大公司的运筹学理论的诞生。

上述所有内容与二战期间的技术性问题密不可分。在试图解决这些问题的过程，人们不仅制造出了计算机，还发展出了线性规划技巧，从而能够根据已知的最优性判据对一定数目的资源进行最合理的配置。修饰词"线性"道出了问题的本质特征，即以线性不等式的形式对资源施加约束条件，同时把最优化判据用一个线性函数表示出来。

当只存在两种资源时，可以把它们表示成平面上的点，那么每个不等式都确定一个半平面。除了空集和无界交这样的极限情况外，所有这些不等式确定出一个凸多边形，所围的点就是问题的解，进而我们能根据已知的优化判据从中选择一个最优解。然而，为了找到最优解，没必要考虑所有可能的解并比较最优化判据的值，只需考虑凸多边形的顶点［因为凸多边形的每个内点都在终点属于边界的线段中；鉴于最优化判据是线性判

121 据，它一定在这条线段的一个端点处（也就是边界的一点处）取得极大值，而且在整个多边形上的极大值一定在多边形的一个顶点处取得］。

当存在大量资源和多个约束条件时，多边形变成多维空间中的一个多面体，这时哪怕只是求它的顶点也可能会遇到难以克服的困难。20 世纪

40 年代,乔治·丹齐格(George Dantzig)、利奥尼德·康托洛维奇(Leonid Kantorovich)和加林·库普曼斯(Tjalling Koopmans)对此给出一个著名解法——单纯形法,康托洛维奇和库普曼斯因此项工作荣获 1975 年诺贝尔经济学奖。

单纯形法非常有效,很快成为应用数学史上使用最广泛的算法之一。这种方法的一般思想是首先考察多面体的某一特殊顶点,然后转向对优化判据来说取值比较好的一个临近顶点。按这种方式进行下去,就能得到一个局部最优解。因为是凸多面体,所以局部最优解也是全局最优解,于是这种方法总能得到最好的解。

线性规划中通常假设这些资源的值可以取分数,这是因为由不等式确定的多面体的顶点是通过解线性方程组得到的,而线性方程组的解一般不是整数。但如果在某项应用中要求它们只能取整数(现实中的问题往往要求这一点),我们若再先假设它们是分数然后求最优解,这就远远不够了。事实上,数值上的微小变动都可能导致一个完全不同的最优顶点。因此有必要发展专门的技巧对线性规划进行推广,使其能够解决整数规划的问题。

除此,为了解决非线性的问题,也有必要对线性规划做出推广。我们知道,如果没有线性性(因此就没有凸性),局部最优点可能不再是一个全局最优点,这样,单纯形法面对非线性问题就无计可施了。1950 年,哈罗 122 德·库恩(Harold Kuhn)和艾伯特·塔克在一篇开创性的论文中给出了最优点存在的必要条件,它们是解决非线性规划中许多算法的基础。同时,正是这篇文章,给出了"非线性规划"的名称。

3.7 一般均衡理论：阿罗-德布鲁存在性定理(1954)

1776 年,美国资产阶级革命的这一年,苏格兰经济学家亚当·斯密(Adam Smith)出版了巨著《国富论》(*Inquiry into the Nature and Causes of the Wealth of Nations*)。为了证明自由放任(laissez-faire)政策的合理性,他引入了"看不见的手",该手恐怕会将经济活动参与者的利己主义行为引向他们没有预料到的结果,并且该手会被证明对社会是有用的。然而,该论据基于一个恶性循环,该循环被总结在一个乐观主义格言中:"世界上所有的事都是顺遂心意的"。

以斯密的经济哲学为基础建立一门科学的第一次尝试发生在 19 世纪。1838 年,安托万-奥古斯丁·古诺(Antoine-Augustin Cournot)用无穷小演算(从函数到导数)描述经济学基本概念。1874 年,利昂·瓦尔拉(Léon Walras)对经济学与力学建立了类比,其中市场定律与市场平衡被看作是相当于经济学中的万有引力定律和力学平衡。这种比拟由维尔弗雷多·帕累托(Vilfredo Pareto)于 19 世纪末加以拓展,在他看来,经济行为人相当于物理粒子。

特别地,瓦尔拉陈述了一种理论,这种理论用供求之间的相互作用代替了斯密的无法定义的"看不见的手",而且他猜测市场的发展自然地倾向于供与求的平衡。用数学术语来说,人们必须将每一件产品的供与求表示成价格与所有货物可获得性的一个函数,然后加上条件:求与供之间的差别总是零。就是这么回事,对每一件商品来说,产量将会与销售量正好匹配。这里需要解决的第一个问题是，平衡的存在性和唯一性，即，价格会满足方程组的存在性和唯一性；接下来需要解决的问题是，在供求法则的基础之上该体系自动趋于平衡，由此可知当需求增长时价格也涨，当需求减少时价格也降；最后需要解决的问题是，平衡的稳定性：即使该体系受到短暂的干扰，它也会倾向于返回到平衡状态。

当然，该体系完全依赖于表示供与求的函数的特殊形式和制约供与求的法则。瓦尔拉定义了一个非线性方程组，并由许多不为人知的方程推证了解的存在性——当然不是充分的。1933 年，经济学家卡尔·施莱辛格（Karl Schlesinger）和数学家亚伯拉罕·瓦尔德（Abraham Wald）提出了一个不同的体系，并首次对平衡的存在性给出了一个正式的证明。

1938 年，冯·诺伊曼产生了两个崭新的想法。第一个，他不是用方程——直到当时一直是这样做的——而是用不等方程来重新表述问题。这为用与最优化问题相似的方法来表述铺平了道路，也为用丹齐格单纯形法得出这些线性不等方程的解铺平了道路。除此以外，冯·诺伊曼还证明了一个特殊体系的平衡的存在性——首先将该体系简化成一个极大极小问题，然后使用布劳威尔不动点定理的一个等价形的方法。冯·诺伊曼的关于对策论和均衡论的思想 1944 年最终定型，体现在上面已经提到过的著作《博弈论与经济行为》中。

冯·诺伊曼关于平衡存在性的证明使得人们的注意力从经典微分学 124 转向拓扑学，并因此从动力系统转向静态系统。通过这种新方法，特别地通过使用 1941 年角谷证明的布劳威尔不动点定理的推广，阿罗与杰拉德·德布鲁（Gerard Debreu）最终于 1954 年成功证明了瓦尔拉方程平衡的存在性，其中供求定律叙述如下：每一件商品价格的变化率——它关于时间的导数——与额外的需求（即，那件特殊产品的求与供之间的差数）成正比。这一工作为它们的作者阿罗与德布鲁分别赢得了 1972 年度与 1983 年度诺贝尔经济学奖。

布劳威尔不动点定理的使用，使得阿罗与德布鲁能够克服用动力系统研究经济学所产生的困难,在 1950 年代动力系统还没有得到充分的发展。然而,在计算机模拟提供的新可能性的帮助下,动力系统在 20 世纪后半叶东山再起。1982 年,斯蒂芬·斯梅尔(Stephen Smale,下面我们将要提到他由于另一工作被授予 1966 年度菲尔兹奖)通过使用最初瓦尔拉想用的方法证明了阿罗-德布鲁定理,而没有使用任何一个不动点定理,这样就结束了历史的循环。

的确,能够从均衡定理中得到任何政治性的结论之前,这些结论将会在某种程度上证实了斯密式的自由主义,有必要在比阿罗-德布鲁的简化版本更一般的背景下证明均衡定理;特别地,各种各样的市场之间相互作用,每一件产品的价格的变动(例如,线性地)依赖于所有商品的额外需求,而不仅仅是所谈论产品的额外需求。

125　　　对资本主义来说,不幸的是,在这些更一般的条件下,仅仅在一个相当特殊的情形中,即只有两件商品时一个市场自身才倾向于平衡。1960 年,赫伯特·斯卡夫(Herbert Scarf)证明了对该系统来说,仅需三件商品就会达到(潜在的)全局性的不稳定,而根本不受假想的"看不见的手"来引导。1972 年,雨果·索南夏因(Hugo Sonnenschein)证明了,市场总体性的额外需求可以具有任何给定多项式的值。这样,该市场不会自动地趋向于平衡点,也不会在平衡已被破坏之后返回平衡点。

如果我们可以从这些数学进展中得到政治性的结论的话,那就是市场法则似乎一点也不足以推动市场趋向于平衡,只有某种计划能做到——尽管斯密和他的当代门徒,从玛格丽特·撒切尔(Margaret Thatcher)夫人到里根总统不以为然。

3.8 形式语言理论：乔姆斯基的分类(1957)

现代语言学中意义最重大的转折点之一是瑞典语言学家斐迪南·德·索绪尔(Ferdinand de Saussure)于 1906 至 1911 年间所作的一系列演讲,该演讲在他去世之后的 1916 年以《一般语言学教程》(*Cours de linguistique générale*)为标题出版了。这些演讲的草稿包含了自然语言结构方法的基础,与直到当时一直被奉为典范的历史的、语文学的、比较的研究形成对比。索绪尔将语言看作是一个双面体系:一方面,该体系是一个固定的、共有的、不可改变的符号使用(口头的或书面的)规则的结构;另一方面,该体系是一个可变的、个别的、创造性地使用意义表示的结构。

索绪尔的思想指向了对语言学结构方面进行数学研究的可能性,更一 126 般地指向了对社会科学进行数学研究的可能性。实际上他的思想确实预见并刺激了结构主义(structuralism),结构主义的目标是寻找明白表示人类经验的基础结构,并且结构主义在克劳德·列维−斯特劳斯(Claude Lévi-Strauss)的人类学、雅克·拉康(Jacques Lacan)的精神分析学和让·皮亚杰(Jean Piaget)的心理学中发现了它(基础结构)的确切表达。

正因有了这基础结构,具有公理性质的、形式主义的数学概念也自然地、独立地导向与索绪尔的那些思想平行的思想,即,有可能将语言活动简化成根据一些形式规则而产生的符号串,并且符号以一种惯用的和任意的方式与含义联系在一起。

如果将首次明确地表达描述语言结构的抽象形式规则追溯到数学家

阿克塞尔·图埃,那不是偶然的。1914 年,他将这些规则表示为具有下面这种形式的文法产生(grammatical productions): $x \rightarrow y$, 这一符号意味着一个词中每出现一个 x 就可以被 y 代替。图埃将语法(grammar)定义为具有上面形式的产生集合并提出所谓的字问题(word problem):判定任何两个给定的词语是否可以通过使用上述语法中的产生而互相变成对方。

1921 年,埃米尔·波斯特(Emil Post)独立地得到了一个相似的确切陈述,他还证明了一个令人惊讶的结果,这一结果今天可以叙述如下:采纳图埃语法的语言正是那些能够借助任何一种普通的计算机程序设计语言而生成的语言。换句话说,简单的语法产生足以刻画所有的类型——最复杂的计算机程序所能刻画的,特别地,足以刻画所有可能类型的形式语言或机械语言。

还剩下人类语言这种情形需要处理。这是语言学家诺姆·乔姆斯基(Noam Chomsky)于 1957 年开始承担的任务,他在《语法结构》中迈出了一个程序的第一步,该程序导致对英语的图埃语法的一个完全刻画。但是这一程序从未实现,遇到的困难似乎暗示了研究自然语言所用的纯数学方法存在结构性的缺陷。

然而,乔姆斯基的工作产生了形式语言理论中的一个根本性的结果,即,基于所允许的语法产生类型的一个分类。因为同一类型的语言后来被证明也显示了能够生成它们的计算机的类型,所以他的结果是计算机形式语言理论的起点,即计算机语言学理论的起点。

乔姆斯基的分类给出了四种类型语言:通用语言(universal)、上下文相关语言(context-sensitive)、上下文无关语言(context-free)和正则语言(regular)。约略地说,在第一种类型中,对语法产生的类型没有限制,所以允许一个词的任何部分由另一个词来代替。在第二种类型中,仅允许在特定的上下文(在产生中详述过)中一个词的任何部分由另一个词来代替。在第三种类型中,仅仅是单独一个字母可以由一个词的一部分来代替;最后在第四种类型中,仅仅是单独一个字母可以由另一个单独的字母代替。

对于该分类中的每一类型而言,有能够生成四种类型语言的四类计算机或机器人:通用计算机(universal)、线性计算机(linear)、下推式计算机(push-down)和有限计算机(finite)。基本上,第一种类型计算机,计算机的可用记忆和存储量没有限制;第二种类型计算机,计算机不能使用比输入大的记忆量;第三种类型计算机,计算机仅能够像自助餐厅中的一摞摞盘子那样储存数据,被放置的第一个盘子位于最底部,因此会被最后一个抹掉,反之亦然。最后,第四种类型计算机,计算机可以读取数据,但是不能存储数据。

从语言学的角度来看,最有意思的语法是上下文相关语言的语法,但　128
是对计算机科学家来说,最有用的是上下文无关语言的语法和正则语言的语法,而且今天有关它们的理论是计算机科学理论中得到很好发展的一个分支。

至于纯数学,形式语言学的最有趣的应用与图埃提出的"字问题"有关。许多代数结构以产生的形式自然地表出了自身,例如,群与半群(后者是群的弱形式,对半群中的每一个元素而言,不要求它的逆存在)。

波斯特于 1944 年、阿纳托利·马尔科夫(Anatoly Markov)于 1947 年分别证明了,判定半群的"字问题"的算法不存在。这是一个非人造的不可判定问题的第一个例子,同时也说明了由哥德尔、丘奇和图灵(A. Turing)所发现的形式系统的局限性,不仅与数学的理论基础有关,而且还与数学的应用有关。

帕维尔·诺维科夫(Pavel Novikov)于 1955 年、威廉·布恩(William Boone)于 1959 年分别证明了,更复杂群的"字问题"也是不可判定的。由于它与代数拓扑中的基本群的联系,这一结果后来被用于建立许多拓扑问题的不可判定性,例如,一个曲面是否为连通的,或者两个曲面是否是拓扑等价的。关于这一点,我们下面要讨论。

3.9 动力系统理论：KAM 定理(1962)

对物体运动的数学研究由于牛顿在 1664—1666 年的发现而在理论上变得可能,一方面是关于无穷小演算的发现,另一方面是关于三个运动定律的发现,即:惯性原理、著名的方程 $F = ma$ 和作用与反作用原理。在天体这种特殊的情形中,作用力由万有引力定律确定:由一个物体发出的引力与它的质量成正比而与它的距离的平方成反比。

例如,在《原理》第一篇中,牛顿证明了行星绕太阳的运动遵守开普勒于 1618 年陈述的三定律:轨道是一个椭圆,太阳位于该椭圆的一个焦点处;相等的时间内扫过的面积相等;行星年的平方(大约)与行星、太阳之间的平均距离的立方成正比。

然而在实际中,行星不仅受到太阳对它的引力而且还互相吸引。因此,它们的轨道不完全是椭圆,也不必是闭合着的。而且,除了太阳与八大行星以外,太阳系还有其他天体(例如,卫星、彗星和小行星)。因此它(太阳系)的运动问题远不是显而易见的。

太阳与一颗行星的情形是非常特殊的,因为这两者中的一个与另一个相比质量是可以忽略的。那么我们可以假设质量大的一个是静止的而另一个绕着它转。牛顿证明了在一般情形中结果也是类似的:两个天体沿着椭圆轨道运动时,该系统的重心在一个公共焦点上。

解决了两个物体的情形,下一步是要为三体问题(three-body problem)寻求一个解。特别有趣的例子是太阳、地球和月球,或者是太阳与两颗行

129

星。近似的解可以通过以下方式得到：首先解决两体问题，然后将第三者的影响考虑进来而对第一步得到的结果进行修正。这就是牛顿在 1687 年首先用来计算太阳对绕地球运动的月球之影响的方法，后来，欧拉于 1748 年使用该方法计算由木星和土星的绕日运动引起的扰动。

130

约瑟夫·路易·拉格朗日（Joseph Louis Lagrange）在 1772 年发现了三体问题的一些特殊情形的确切解。例如，他证明了，有可能当三个物体沿着三个椭圆轨道运动时，该系统的重心位于一个公共焦点上。换言之，如果这三个物体位于等边三角形的三个顶点处，那么该三角形绕着该系统的重心旋转，并且三个物体仍旧固定于三个顶点处。1906 年所发现的由太阳、木星和小行星阿基里斯（Achilles）组成的体系印证了这一情形。

在 1799 年到 1825 年间出现了拉普拉斯的五卷本《天体力学》，这是一个半世纪以来发现的顶点。特别地，拉普拉斯声称，如果知道每一个天体在一瞬间的位置和速度，就能精确算出过去和未来的宇宙的演化。

尽管拉普拉斯很乐观，但还是有两个基本问题没有解决。一个是一般情形的多体问题——三体或三体以上——的确切解；另一个是解的稳定性问题。例如，行星运动中的小扰动是仅引起轨道的小变异，还是能使行星迷失于广袤的太空？另一个特殊问题是关于各类行星之间的相互扰动的累积结果的。这种累积是否将它们当中的一个抛出自己的轨道，并最终抛出太阳系呢，还是会使行星轨道基本上保持目前的构形？

太阳系的稳定性问题最终引起了瑞典国王奥斯卡二世（Oscar Ⅱ）的注意，他将该问题加入一个问题清单中，解决该清单中的问题将被授予一项特殊的奖金，该奖金是为了"纪念他的六十岁生日和证明他对于数学科学进展的兴趣"而于 1885 年设立的。

131

由于庞加莱著述了《论三体问题和动力学方程》（*On the Three-Body Problem and the Equations of Dynamics*），这项奖金于 1889 年颁发给了他。他没有设法去判定太阳系是否稳定，而是对动力系统研究中的定性飞跃做出了贡献。他引入了自己称之为天体力学中的新方法，这正是他于 1892

年至 1899 年间出版的三部曲的标题《天体力学新方法》(*Méthodes nouvelles de la mécanique céleste*)。特别地,这些新方法包括了对非线性微分方程的拓扑研究,由于非线性微分方程的困难一直到当时被放在一边没能解决。

出人意料的是,稳定与不稳定轨道之间的区别与数论中的问题有关。例如,木星与土星的行星年的比为 5:2——一个有理数。也就是说,每隔十年这两颗行星就会处于同一位置,所以它们之间的相互扰动大体上能被共振所放大,并且最终会产生一个不稳定结果。

这一困难的数学解释是所谓的小除数问题(small divisors problem)。当两颗行星的相互扰动被表示为一个无穷级数的和(称为傅里叶和)时,有理数的比 5/2 迫使该和中许多项的系数有小除数,因此系数非常大,这使得该和趋向于无穷大。270 页的著作使庞加莱获得了"奥斯卡(Oscar)奖",该著作似乎在暗示这样的和实际上是无穷大,因此轨道是不稳定的。

1954 年,柯尔莫哥洛夫重新拾起稳定性问题。他概述了一个解决方法,后来他的方案在 1962 年由弗拉基米尔·阿诺尔德(Vladimir Arnol'd)和于尔根·莫泽(Jürgen Moser)成功实现,收入普遍称之为 KAM(以三位作者的姓的起首字母命名的)定理的著作中。结果证明,对于小的扰动而言,绝大多数轨道是稳定的,并且即使它们不是周期的,它们仍旧接近于非扰动系统的周期轨道,并且由于这一原因被称为是拟周期(quasi-periodic)轨道。

KAM 定理的数学本质是小除数问题实际出现在有理周期的情形中,或者出现在能够被有理数很好逼近的周期的情形中(即,通过有相对较小的分母的分数),而在其他情形,小除数问题不出现。因为绝大多数实数不能被有理数很好地逼近,所以该问题在绝大多数情形中不出现。

由 KAM 定理所激发出来的兴趣以及与之相关的问题具有重大的意义。如果我们从纯数学的角度来考虑,最初结果的成功得到的报偿,体现为颁发给柯尔莫哥洛夫(1980 年)和莫泽(1994—1995 年)的沃尔夫奖,后来由于最近的一个推广,让·克利斯托弗·约科(Jean Christophe Yoccoz)

被授予 1994 年度菲尔兹奖。而从应用数学的角度来考虑,太阳系中行星轨道稳定性的理论被解释成了粒子加速器中基本粒子轨道的这种具体的稳定性,这种稳定性是至关重要的,如果粒子在碰撞加速器壁时没有丧失能量。而这与该定理的关联性源于以下事实:实验中粒子轨道的数量是如此巨大,以至于该数目与太阳系整个活动时期的行星轨道的数目有相同的数量级。

3.10 纽结理论：琼斯的不变量（1984）

据传说，在弗里吉亚（Phrygia，今属土耳其）的一个古老城市戈尔蒂姆（Gordium）里，国王米达斯（Midas）的四轮运货牛车的杆用绳子打结系在该车的牛轭上，系得如此紧、如此盘绕以至于据说不论谁要是能成功地解开该绳结，他就会统治整个世界。亚历山大大帝（Alexander the Great）在公元前 333 年到达了戈尔蒂姆，在经过几次失败的尝试后，他一剑砍开绳结。当然，该问题没有被解决，因为解法需要一个绳结必须在不将其切开的前提条件下变形，即以拓扑的方式。

1848 年，高斯的学生约翰·利斯廷创造了拓扑这一名称并出版了关于这一课题的第一本书。该书一个很好的部分是专门研究纽结的那部分，即研究空间闭曲线（图 3.9）。这样的纽结能被视作一维曲面，并因此很自然地将它们看作拓扑对象，即看作将非常细的橡皮筋的端点粘在一起构成的，而且很自然地去尝试将它们分类，就像黎曼、默比乌斯、克莱因对二维曲面以及瑟斯顿对三维曲面所做的那样。

在纽结理论和曲面理论之间大体上存在联系。给定一个纽结，我们能设想它的支集不是一条抽象的数学曲线——该曲线的截线仅是一个点，而是一个实心实体面管，该管的截面是一个圆。考虑该管的二维表面没有带我们走得很远，因为对于任何一个纽结而言，它总是与一个环面拓扑等价。但是我们能考虑由该管的模子组成的三维曲面，即，整个空间减去该管，包括它的内部。然后该纽结的结构就变成了这个曲面上的洞的结构，为了研

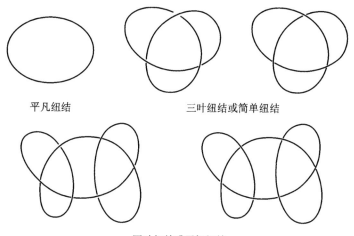

平凡纽结　　　　　　　三叶纽结或简单纽结

四叶纽结或平坦纽结

图 3.9　纽结

究后者,我们能应用所有的经典拓扑工具。特别地,1978 年,杰弗里·赫米
恩(Geoffrey Hemion)从拓扑的角度将所有的纽结进行了完全分类。

然而,这是一个十分间接的方法,因此纽结理论已经试图直接给纽结
指定了不变量(invariants),这些不变量,就像它们的名字所暗示的那样,当
纽结经受拓扑变形时——即,当组成纽结的橡皮圈在没有被弄断的情况下
被拉长时,是不变的。很多这种不变量能够从相伴曲面隐含地得到,但是
问题是如何对一些明显表示的不变量——可以从纽结本身的像直接得到
的不变量——下定义。

人们能想到的最简单的不变量是一段绳子交叉的次数,当该绳子被平
放在平面上时。显然,将该纽结变形会改变这一数量,例如,通过搓该绳将
会增加人为的交叉点。为了真正得到一个不变量,人们必须取能够代表该
纽结的最小交叉次数。但是这一方法致使不变量几乎没有用,因为为了计
算该不变量人们应该已经知道所考虑的纽结的类型。

1910 年,马克斯·德恩(Max Dehn)引入了对纽结的代数描述,这一描
述使他能够证明存在不同类型的纽结。换句话说,证明了不是每一个纽结
都可以通过适当的变形(而没有弄断它)被解开,并因此被简化成一个平凡

纽结(即,一个圆)。这一事实对三叶纽结(或简单纽结)而言已经在直觉上是清楚的了,但问题是如何给予数学上的证明。

1928 年詹姆斯·亚历山大(James Alexander)定义了一个多项式不变量,该不变量,除了交叉点,还考虑了这些交叉点发生的方式(多项式的变项代表了该纽结的子午线)。当两个纽结加在一起时,它们的亚历山大多项式就相乘。因为三叶形纽结有多项式 $x^2 - x + 1$,而四叶形纽结(或平坦纽结)是两个三叶形纽结的和,所以四叶形纽结的多项式是

$$(x^2 - x + 1)^2 = x^4 - 2x^3 + 3x^2 - 2x + 1。$$

能够证明,如果两个纽结有不同的多项式,它们本身必是不相同的。从上面的结论可以推出,三叶形纽结与四叶形纽结通过变形不能从一个得到另一个;并且存在无穷多个不同的纽结,因为每一个(对称的)多项式都是某一纽结的多项式。反之,两个不同的纽结能有相同的多项式,这一点体现在右手三叶形与左手三叶形纽结的情形中。

1984 年,沃恩·琼斯(Vaughan Jones)将一新型的"多项式"(加引号,是因为变元的指数也能是负整数)定义为一个不变量,该不变量也考虑了交叉点的方向,并因此能区分两个不同的三叶形纽结。它们的多项式分别是 $-x^4 + x^3 + x$ 和 $-\dfrac{1}{x^4} + \dfrac{1}{x^3} + \dfrac{1}{x}$。

通过研究冯·诺伊曼代数,琼斯找到了他的"多项式",后来他发现了一个更意想不到的与统计力学的联系。由于这些结果,也由于他关于不变量的多产的结果,琼斯被授予 1990 年度菲尔兹奖。

尽管有了这些进展,但是还没有发现如何对纽结进行完全分类。特别地,一个完全不变量还没有找到,它能够在纽结当中区别开所有真正不同的纽结[到目前为止,最好的不变量是马克西姆·康采维奇(Maxim Kontsevich)给出的,为此他获得了 1998 年度菲尔兹奖]。即使在当前的不完全状态下,纽结理论的应用也是有非常重大的意义的。

让我们从物理学说起。1867 年,开尔文勋爵(Lord Kelvin)提出了一种理论。根据该理论原子是以太中的纽结,称为涡旋原子(vortex atoms),与空气中的烟的漩涡相似。这个奇怪的想法是基于赫尔曼·亥姆霍兹(Hermann Helmholtz)的一个定理——在完全流体中,一旦有涡旋发生,这一涡旋将会永远持续下去。开尔文还受到了彼得·泰特(Peter Tait)用烟圈做的实验的启发,该烟圈能够来回地弹并展示了一些有趣的振动模式,这种理论的优点是纽结由纯粹的拓扑键维系在一起,没有任何特殊的原子力的干预。开尔文的提议激发了泰特长达十年的对纽结的研究,并制作了一个相当完全、相当准确的有直到 10 个交叉点的纽结表。但是,当玻尔的模型——该模型将原子表示为缩小的太阳系——被采纳后,这一理论被放弃了。

今天,纽结由于弦理论(string theory)而变得很时尚。这些弦可能是物质的最终组成成分,基本粒子将会是多维空间中弦的振动模式。事实上,存在几种弦理论。在最简单的弦理论中,弦是一维、开的,像夸克粘在端点处的弦的一小段,但是在其他弦理论中,弦可以是闭的,就像我们已经讨论过的纽结。在最近的弦理论中,一维弦被开的或闭的多维膜(membranes)所代替。

弦理论背后的许多数学思想都能在威滕的令人眼花缭乱的光辉著作中找到根基,该著作最近几年对数学产生了深刻的影响,并因此为他赢得了 1990 年度菲尔兹奖。威滕发现,弦理论与差别很大的数学领域之间都存在着出人意料的联系。例如,群论中的费希尔-格里斯魔群、纽结理论中 137 的琼斯多项式和拓扑学中的唐纳森奇异空间都被证明是某一拓扑量子场论的二维、三维和四维情形。

从这一明显关系来看,这些对象的一些神秘对称性可以得到解释,从而它们的范围得到了相当的拓展。例如,正是由于使用弦理论,康采维奇与理查德·博尔切兹(Richard Borcherds)获得 1998 年度菲尔兹奖。康采维奇推广了琼斯多项式并得到了新的不变量,不仅是纽结的,而且是三维曲面的不变量[琼斯多项式被证明是一个特定曲面上的费曼(Feynman)积分,该积分的定义来自弦理论]。博尔切兹解决了月光猜想(moonlight conjecture),该猜想是由康韦与西蒙·诺顿(Simon Norton)于 1979 年提出的,该猜想将费希尔-格里斯魔群与 1827 年由阿贝尔与卡尔·雅可比(Carl Jacobi)所引入的椭圆函数论联系起来(人们发现,该魔群是一个特定代数的自同构群,该代数的公理是从弦理论中得到的)。

　　在弦理论最近的版本中,先前提到的卡拉比—丘流形起了重要的作用。在最初的阶段中,即所谓的超对称性(supersymmetry),人们发现,将强不变条件强行加给弦理论确实需要一个包含一个卡拉比—丘流形的模型。复三维卡拉比—丘流形与实六维卡拉比—丘流形对应,将实六维卡拉比—丘流形加到四维时空就产生了一个总共是十维的卡拉比—丘流形。在第二个阶段里,所谓的镜像对称性(mirror symmetry),人们发现通过使用两个不同的卡拉比—丘流形能为物理理论建模型,还发现,其中一个流形中的一些困难的计算被证明在另一个流形中是简单的,反之亦然。因此,不同的脚穿不同的鞋,有可能在寻找能够包含所有当代物理学的万物理论的过程中取得一些实质性的进步。

　　纽结理论一个不同类型的应用是对 DNA 结构的研究,DNA 存在于折
138 叠起来的一条细长的基因线上——几乎一米长的一条链,定位在直径为百万分之五米的细胞核中(就像一条 200 公里长的细线被打包在一个足球里面)。当 DNA 复制时,它分裂成两个完全相同的 DNA。问题是如何理解这种状况是怎样有效地发生的,倘若组成一条弦的细线的类似分裂导致了复杂的纽结和纠缠。尽管亚历山大不变量被证明不足以处理 DNA 折叠部分,但是琼斯不变量已经在这一领域产生了有趣的结果。

第4章　数学与计算机

计算机从根本上改变了日常生活,不仅改变了普通人的生活,也改变 139 了数学家的生活。正如在技术进步常常碰到的,许多变化朝着更坏的方向发展,计算机在数学上的应用也不例外。例如,当我们把计算机当作白痴学者(idiot savant)用来焦急而徒劳地搜寻越来越大的素数时就是这种情况。20世纪末,最大素数的纪录保持者是 $2^{6\,972\,593}-1^{*}$,这个数差不多200万位那么长。

下面的故事极好地证明漫不经心地使用计算机的内在危险,它表明对机器的能力不加区别地依靠可能妨碍而不是激发数学的思想。1640年费马猜想,任何形如 $2^{2^n}+1$ 的数都是素数。他是根据这样的事实,当 n 从0到4时,$2^{2^n}+1$ 分别是3,5,17,257,65 537,它们都的确是素数。今天,单靠计算机的硬算术就不难验证,费马的猜想当 $n=5$ 时已经不对,因为

$$2^{2^5} + 1 = 2^{32} + 1 = 4\,294\,967\,297 = 641 \times 6\,700\,417。$$

然而,通过手算系统地搜寻可能的因子是不可能的,至今仍然如此。1736 140 年,欧拉发现可以避开这种搜寻的方法,他证明,通过巧妙和大规模的简化,只需考虑形如 $64k+1$ 的因子就足够了。做第十次试算时($k=10$),可以求出因子641。当时,欧拉没有计算机可用,这就迫使他把这个单纯计算的问题转变成高等数学,并通过用自己令人惊叹的定理解决了费马奇特的问

题。从眼下记录看,还不知道有新的素费马数存在。1990 年,需要把1 000 台计算机联合起来的威力才有可能对 $n=9$ 的情形得到欧拉用手算 $n=5$ 时的结果,不过,这并没有产生出任何有趣的数学结果。

不论是这个特殊的事件,还是维特根斯坦在《哲学研究》(*Philosophical Investigations*)中提出普遍性的格言,都提醒我们"所有的进步看起来都要比实际情况要大"。换言之,无论在数学或是在其他领域使用计算机,其后果不要像在流行媒体中所常见的那样不加思索地任意夸大,而是要加以批判地分析,这样才能使我们在表面发展的背景之中分辨出实质的进步。

首先,我们必须承认,计算机对数学的冲击无非是报答恩惠。如果说,一般来讲,技术进步引领科学发展是对的,那么在这种特殊情形下,情况恰恰相反。事实上,第一台电子计算机的建造是经历整整一个世纪的数学发展的结果,这个发展经历了三个阶段。

第一个重要思想是 1854 年乔治·布尔(George Boole)在《思维规律》(*Laws of Thought*)中提出来的。在他的这本著名的著作中,布尔提出最简单的语言元粒的语义行为(例如合取和否定)的代数表述,现在我们称之为布尔代数。弗雷格和罗素继续对支配思维过程的规律进行数学论述,他们把它推广到整个逻辑。战后人工智能谋求把思维的形式化进一步扩张甚至超出逻辑的理性的范围,尽管至今只取得有限的成就。

第二个重要思想来自阿兰·图灵(Alan Turing)。从弗雷格和罗素的逻辑演算出发,他在 1936 年证明,不可能存在判定过程来判定这种演算的给定公式是否为真。换言之,逻辑推理的语义学不可能机械化,就像我们已经证明的语法学的情形一样。为了证明其不可能性结果,图灵引进抽象机的概念,它能执行所有可能的形式演算,并证明这样的机器不能解决判定问题。图灵机可以用现代的术语简单地描述,它是通用计算机的理论蓝图。

这样的机器从实体上来实现还需要一个新思想,这个思想是由一位神经生理学家沃伦·麦卡洛克(Warren McCulloch)和一位数学家沃尔特·皮茨（Walter Pitts）合作而产生的。因为现在所缺的是一个"脑"，它能够引导图灵机执行计算。他们在 1943 年提出一个神经系统的抽象模型，它基于人的神经系统的一个简化。他们还证明，这样一个人工系统可以用电线来建造，其电线的联结起着神经元的作用，其中的电流流动或没有电流通过代表存在或不存在突触反应，这些神经网络所实现的正好就是布尔代数。

电子计算机无非就是把图灵机和麦卡洛克及皮茨的神经网络结合在一起的实际的实现。后者给前者提供一个脑，能够进行最初等的逻辑判定，藉此机器可以执行所有可能的机械运算，除了那些需要高阶逻辑的判 142
定之外。

我们上面只不过稍稍触及的发展对两大项目起着有影响的作用，这两大项目最终导致最早的电子计算机的建造：一台是电子数字积分和计算器（ENIAC），在美国建造，由冯·诺伊曼指导，另一台是自动计算机，在英国建造，由图灵本人监管，这两项计划大约在 20 世纪 50 年代进行。因此，由于计算机是 20 世纪前半期数学研究的子孙后代，那么机器后来显示出其遗传特性的痕迹就一点也不奇怪了。

这个新机器的头一个数学应用当然就是应用它的计算能力。实际上，建造计算机的想法正是由于战事需要把海量的计算自动化而激发出来的，图灵和冯·诺伊曼都亲身经历过战时的研究，图灵在战时进行反谍报研究，而冯·诺伊曼在战时参加制造原子弹的工作。时至今日，用计算机来进行计算仍然是其最为广泛应用的功能，这也表明它真正名副其实。

计算机能够以高速进行大量计算，这种优势无疑对纯数学也有很大冲击。最著名的案例肯定是 1976 年由肯尼思·阿佩尔（Kenneth Appel）和沃尔夫冈·哈肯（Wolfgang Haken）对四色定理所完成的人机互动的证明，他们需要计算机的帮助表现在用了几千机时。大约 20 年之后，1997 年，出现了第一个无须人的帮助完全由计算机进行的定理证明。这是 1933 年由赫伯特·罗宾斯（Herbert Robbins）提出的一个猜想，即由三个方程构成的一组公理是布尔代数理论的一个公理化。罗宾斯猜想由威廉·麦克丘恩

（William McCune）和拉里·沃斯（Larry Wos）编写的一个计算机程序证明是正确的。

143   正如大家所预料的,在应用数学中,使用计算机更会产生最明显的效果。例如,直到 20 世纪下半叶研究动力系统还要分成三个阶段进行:把系统翻译成数学的语言,对这个系统得出显式解,把这个解用图像标出。往往这个过程走不出第一阶段,因为获得数学表述的困难是系统无法求解,这就使得人们避开复杂系统,而把精力集中在足够简单能够求出解的系统。然而,即使能够求出解来,不管是显式解还是通过某种逼近过程得到的解,由于需要极其大量的计算,解的图像表示也不太可能绘制出来。

应用计算机使得我们不仅可以解决第三个问题,而且同样可能解决第一个问题。事实上,我们总可能不用对系统的数学表述求出显式解,而是直接通过仿真得到系统行为的图像描绘,这就使得数学家能够研究过去从来不可能研究的一整类系统,结果这就产生出来熟知的混沌理论。尽管名称叫作混沌,混沌理论也研究实际上非混沌的系统,它们只是太复杂,乍一看显得混沌。

关于混沌系统最著名的隐喻是"蝴蝶效应"。在某一大陆上,蝴蝶扑打翅膀可能造成另一大陆上出现龙卷风。计算机的一项经典应用就是天气仿真,它由冯·诺伊曼开始,后来为爱德华·劳伦茨（Edward Lorenz）所继续。这个应用使得短期天气预报成为可能,它还产生出混沌的众所周知的形象:的确很像蝴蝶翅膀的奇怪吸引子。

144   说起形象就不能不提到计算机图形学的发展,计算机图形早已出现在商务应用中,现在也在纯粹数学中起着重要的作用,主要是视觉上给出直观的图像。最典型的例子是发现新的曲面,它很难单独通过心灵的眼睛描绘出来。这些曲面包括 1983 年由戴维·霍夫曼（David Hoffman）及威廉·米克斯（William Meeks）所发现的极小曲面（我们以前提到过,见图 2.5）以及唐娜·考克斯（Donna Cox）和乔治·法兰西斯（George Francis）在 1988

年发现的所谓伊特鲁里亚的维纳斯（Etruscan
Venus）（图 4.1）。

　　由于它们的视觉品质而最广为人知的形
象是所谓的分形，有些人会把它们看成一种新
艺术形式的表现。在 20 世纪初发现的自相似
曲线只不过是个弃物，由于很难给出一个表示
就被暂时放弃掉，到了 20 世纪 80 年代由于伯
努瓦·芒德布罗（Benoit Mandelbrot）的工作，
使它得到惊人的回归。芒德布罗还发现一种

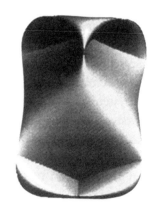

图 4.1　伊特鲁里亚的维纳斯

万有（universal）分形，当在微观尺度上查看时，就显示出几乎无穷无尽的惊 145
人细节，它们的形象成为巧妙地把计算机应用于数学富有成果的潜能的
象征。

　　在以一般的术语来引进数学与计算的相互关系的问题之后，现在让我
们细致地考察一些计算机对数学研究最有趣的应用，这在上面已经提到。

4.1 算法理论：图灵的 刻画（**1936**）

1928 年的国际数学家大会在博洛尼亚举行,会上希尔伯特又提出了他的另一个著名问题——所谓的判定问题（Entscheidungs-problem）：找出一个算法来判定一个给定的命题是否为其他命题的逻辑推论。

该问题的趣味性在于以下事实：数学的各个分支可以一律用公理体系呈现出来,其中的定理为前面公理的逻辑结果。像希尔伯特所寻求的这样的算法,能使数学家集中注意力于他们工作的令人高兴的部分,即明确表达公理并陈述有趣的结果,而将从公理中推出这些结果的费力的工作留给算法。

然而,该问题远非是上面的如意算盘。1922 年,波斯特已经取得了关于该问题的实质性的进步,他证明了命题逻辑——处理被称为联结词（connectives）（"非","与","或","蕴含"）的语言元素的逻辑部分——有效地接纳了这种算法,即所谓的真值表（truth tables）方法。然后希尔伯特提出了将该结果扩展到也处理量词（quantifiers）（"没有","一些","所有"）的逻辑部分——即谓词逻辑。

该问题由美国的丘奇与英国的图灵于 1936 年分别独立地加以解决。结果是否定的（从中可以看出,对证明的寻求仍旧构成了做数学的中心部分）：希尔伯特所寻求的这种算法是不存在的。但是这一事实的证明以一种实质性的进展为先决条件：尽管算法存在性的证明能够仅仅通过展示具有所期望的性质的算法而完成,但是不存在性的证明需要除去每一个可

146

能的算法,因此需要给出算法这一概念的完整刻画。

这样一个模糊、直觉的概念竟然能容纳精确的、形式的刻画,这一事实是令人惊讶的发现。这一点是通过一系列的对算法加以定义的尝试实现的,最终所有的定义被证明是等价的。而确实是图灵的方法最终使数学家意识到,该定义已经被发现。当今他的定义可以被翻译成似乎是平凡的术语——算法是可以用任何一种所谓的通用语言(例如,指令语言 PASCAL 语言、函数语言 LISP 语言,或逻辑语言 PROLOG 语言)翻译成计算机程序的方法。

的确,1936 年计算机还不存在。然而,计算机的进展正是基于图灵引入了通用计算机——通过执行一个程序能够计算每一个可计算函数——这一概念,更确切地说,是基于从仅能够完成固定计算的专门计算机,例如计算器,到能够完成任何可执行计算——例如计算机——的转变。

图灵得到了判定问题的否定结果,通过将停机问题(halting problem)——即判定一个给定的程序是否将最终终止它的计算并停止于事先输入的数据——翻译成逻辑语言。这一问题可以很容易地被证明是不可判定的,从下面的意义上来说:没有程序能判定它,通过使用经典的对角线法——由康托尔在集合论中首次引入,后来罗素用于他的悖论中,哥德尔用于他的不完全性定理的证明中,因此这一方法为图灵所熟知(也为丘奇所熟知,他用相似的方式解决了这一问题,只是使用他关于算法的等价定义——λ 演算)。

判定问题的解决方法给出了各个领域中关于不可判定性证明的一种方法,通过恰当地翻译成停机问题或其他相似的问题。从数学的角度来看,该方法的最有趣的应用是希尔伯特第十问题的否定:能否找出判定一个有整数(正的或负的)系数的多项式(含有一个或多个变量)是否有整数零点——即通过令多项式等于零而得到的丢番图方程是否有整数根的算法。

在 1900 年国际数学家大会时,希尔伯特第十问题的特殊情形的肯定解答就为人所知了。例如,找出最大公因数的欧几里得算法能被用于处理一次丢番图方程,因为 $a_1 x_1 + \cdots + a_n x_n = b$ 有整数解,当且仅当 $a_1, \cdots, a_n$ 的最大公因子能整除 b。此外高斯的二次互反律能使人们处理二次丢番图方程。

1968 年,阿兰·贝克尔给出了一个结果——三次或更高次多项式方程解的有效上界,该结果能被用于处理椭圆方程的情形,为此他赢得了 1970 年度菲尔兹奖。这一事实显示出了希尔伯特第十问题、莫德尔猜想与费马大定理之间内在的联系。贝克尔的结果后来被拓展到处理任意含有两个变量的丢番图方程。

解决这些特殊情形的困难暗示了希尔伯特问题的答案是否定的,因此一般判定算法是不存在的。马丁·戴维斯(Martin Davis)、希拉里·普特南(Hilary Putnam)、茱莉亚·鲁宾逊(Julia Robinson)和尤里·马蒂亚塞维奇(Yuri Matyasevitch)给出了这一事实的证明。1960 年,他们当中的前三位说明了如何将停机问题翻译成丢番图方程——由于加入了指数函数而变得丰富——语言(任一给定程序的行为由一个方程描绘,因而该程序停止当且仅当该方程有一个解),后来在 1970 年马蒂亚塞维奇从中去掉了指数函数。

一个改进的马蒂亚塞维奇的结果说明了:有 9 个变量的丢番图方程的情形已经是不可判定的,但是还不知道这是否是最佳可能结果。事实上,贝克尔猜想:有 3 个变量的丢番图方程就已经是不可判定的了。

148

4.2 人工智能: 香农对国际象棋对策的分析(1950)

最具创见的、最能引起争论的计算机应用是,模拟人的典型的智力过程与结果的人工智能方面的应用。很明显,创新性源于思考过程的智力刺激——这是人所有特质里面最特别的——就像机器能够实际拥有的某些东西一样。长期的争论是由于下面的事实:人工智能,特别是在它的早期发展阶段 1950 年代至 1960 年代期间,因为用于预言工作而损害了自己,这些预言被证明是(用实际的说法)夸大与不现实的,而不仅仅是可笑的。

在图灵 1950 年的著名论文《计算机与智能》(*Computing Machines and Intelligence*)中,他已经暗示了机器能思考的可能性。特别地,他提出了被称为图灵检验(Turing's test)的实用标准:一台机器可以说在思考,如果一个与该机器交换书面信息的人没有意识到回答不是由另一个人给出的。

“人工智能”这一术语是计算协会于 1956 年在新罕布什尔州的汉诺威的达尔摩斯(Darmouth)大学举办的具有历史意义的会议上正式通过的。与会者当中有的后来成为该学科中最典型的代表,被授予了计算机领域中最高的荣誉——图灵奖(Turing Award):马文·明斯基(Marvin Minsky)于 1969 年,约翰·麦卡锡(John McCarthy)于 1971 年,阿伦·纽厄尔(Allen Newell)与赫伯特·西蒙(Herbert Simon)于 1975 年。

人工智能最初的梦想(由西蒙于 1950 年代所明确地表述),是在十年里成功写出能够击败象棋世界冠军的程序,证明新的、重要的数学定理,予以心理学中的大多数理论以灵感。

四十年后,该梦想的大部分已被放弃,因此计算机的地位猛烈降级。作为一个数学工具,当今计算机几乎仅仅用于大规模的计算而不是陈述和证明新定理,并且作为大脑模型的计算机已经被人造神经系统超过。这不意味着计算机没有帮助数学家获得一些深刻的结果和有效的应用。意义最重大的例子,除了那些下面将要讨论的,是专家系统(expert systems),该系统将某一专门知识译成数据库中的密码,然后用与人类推理过程中某些机械方面相似的程序语言给出推断的结果。

仅在一个领域——象棋比赛中——完全实现了西蒙的预言,即使用时比他所预言的更长。富于幻想的首台计算机的发明者,查尔斯·巴比奇(Charles Babbage)已于 1864 年设想了让机器下象棋的可能性,甚至提出了一个可能的指令集。1890 年,莱昂纳多·托雷斯·克韦多(Leonardo Torres y Quevedo)已完全形式化了一个将死的策略,当仅剩下两个国王和一个车的时候。

但首次用计算术语真正地对象棋比赛进行分析的是克劳德·香农(Claude Shannon)在他 1950 年划时代的论文中做出的。特别地,他在几种类型的程序之间划出了明显的界限:(a) 凭蛮力的局部(local)程序——该程序分析了直到某一预定层次的可能性树,并选择了基于极小极大赋值的最好的一步——仅考虑了最有希望的步[每一层次能通过大约两百个埃洛点(Elo pionts)改进程序的表现];(b) 整体(global)程序,该程序将移步层次分析与分布性估计、易变性、平衡状态、影响与对棋子的控制联系起来;(c) 战略(strategic)程序,基于与人类所使用的相似的抽象法则。

人与程序的第一次对抗于 1951 年在计算机科学家阿利克·格伦尼(Alick Glennie)与图灵所写的 Turochamp 程序之间展开。因为当时计算机的实力有限,所以图灵必须手工模拟该程序的实行。又因为该程序不是很复杂,所以格伦尼用了 29 步就轻松赢得了比赛。

西蒙的令人乐观的预言,由米哈伊尔·博特温尼克(Mikhail Botvinnik)——1948 年到 1963 年的世界象棋冠军(除了两个短暂的时期)——与其分享,该冠军于 1958 年声称自己意识到,有一天计算机会证明在比赛中优于人。因此,博特温尼克花了很多年改进整体程序与战略程序。

限于象棋比赛的图灵检验于 1980 年由世界程序冠军(1974 年举办的第一届世界联赛)百利(Belle)首次成功调试过关。有一次,国际象棋棋王赫尔穆特·弗莱格(Helmut Pfleger)同时参加 26 场比赛,其中的 3 场比赛 151 由程序秘密地参加进来。其中的 5 场比赛,包括一场由百利参加(并赢了)的,被选出来展示给许多分析专家看。其中一个专家是大家考齐诺依(V. Korchnoi),他已经是 1978 年国际级专家的挑战者。除了加利·卡斯帕罗夫(Gary Kasparov),大多数专家,包括考齐诺依与弗莱格,没能够识别出哪一场是计算机参加的比赛。

象棋比赛程序的进展确实给人以深刻的印象。1978 年,国际大师戴维·利维(David Levy)输给了程序 Chess4.7,首次被击败。十年以后,大师本特·拉森(Bent Larsen)被程序深思(Deep Thought)所击败。后来在 1996 年世界冠军赛的一轮比赛中,世界冠军卡斯帕罗夫输给了程序深蓝(Deep Blue)。与此同时,1983 年程序百利首次成为了大师,后来 1990 年程序深思也成了一位大师。这一进展的最后一步,发生在 1997 年 5 月 11 日,那时深蓝以 3.5 比 2.5 分击败了世界冠军卡斯帕罗夫,不仅是在一次游戏中,而且是在一场真正的联赛中。

百利及其之前的程序都是局部类型的,而深思与深蓝是整体性的,但是至今策略程序的设计被证明是不可能的。这一事实说明了人工智能方案的哲学局限性,即使在人工智能用得最成功的领域里:通过再现人类思维的结果,人工智能已经不时地成功模拟人类思维;但是通过再现人类思维的过程,人工智能从来没有能够赶上或超过人类思维。

4.3 混沌理论：劳伦茨的
奇怪吸引子（1963）

　　动力学的基本问题是，如何将制约着数学上的点或是物体的运动规律
152 的隐含描述，转化成该点或是该物体的运动轨道的明确描述；简言之，是如
何求解运动方程。

　　经典动力学主要研究由线性微分方程所描述的运动，对于此方程已经
形成许多求解析解的方法。然而，由于求解非线性微分方程很困难［也由
于这些系统所显示出来的不稳定性（instability）］，所以无法对这种方程所
描述的运动做综合性的研究。确实，尽管理论上是完全确定的，但实际上
非线性系统经常以一种混乱的方式运动，初始条件的很小变动会导致结果
的巨大变化。

　　计算机的问世使得数学家可以凭借计算机所提供的巨大的计算能力
对非线性系统进行研究：不用解析的方法求解，而先将这些方程所描述的
过程具体模拟出来，再求解。最终的结果不是轨道方程，而是轨道的像的
方程。这样的图解法对应用而言常常被证明是足够好的，以一种能够被想
象的眼睛立即注视到的形式。

　　按行为对动力系统分类，使用了吸引子（attractor）——流体趋向于稳
定的布局——这一概念。在最简单的情形中，吸引子是单独的一个点——
例如，吸引物体的引力质量（所以称为吸引子）。稍微复杂一些的情形是吸
引子是一条曲线，例如地球绕太阳公转时所描绘出来的椭圆。

　　更复杂的情形是吸引子是一个曲面，该曲面是物体在进行由周期运动

叠加(例如,月球绕地球旋转与地球绕太阳旋转)而成的拟周期运动过程中所扫过的。最终的曲面是两种垂直的椭圆运动的合成,因此是一种环面。

与上面所提到的不同,还存在奇怪吸引子(strange attractors),这是非 153 经典的。它们的奇特性在于下面的事实,它们不是点、曲线或普通曲面,而是分形(精确的意义将在下面给出)。

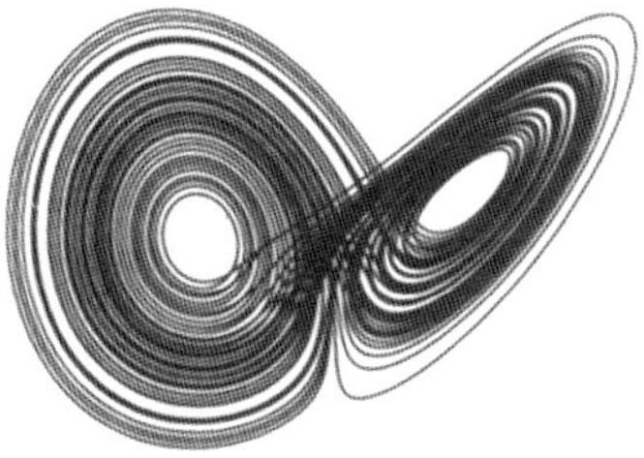

奇怪吸引子的第一个例子是爱德华·劳伦茨 1963 年描述他所提出的天气模型方程的解时发现的。这个例子成了混沌理论的象征(图 4.2)。该奇怪吸引子的一个有趣特征是:正是由于这样的一

图 4.2　劳伦茨吸引子

个解是由计算机模拟得到的,劳伦茨吸引子的一般形式常常几乎是一样的,但是它的枝节部分会随着所用计算机程序的改变而改变。

不过在 1995 年,康斯坦丁·米沙凯科夫(Konstantin Mischaikow)与马里安·姆罗策克(Marian Mrozek)证明(具有讽刺意味的是,通过广泛使用计算机)劳伦茨系统实际上是混沌的,从该系统的行为趋向于一个奇怪吸引子的意义上来说。在 2000 年,沃里克·塔克(Warwick Tucker)证明了这个吸引子的形状与计算机生成的近似形状完全一样。这一点不是立即显现的,正是因为当时处理的是一个混沌系统,其中很小的变异会产生巨大的变化。

除了由实际应用(从气体动力学到气象学)所产生的明显的趣味性以外,对非线性系统的计算机模拟也出现了有趣的关于模拟结果的含义这一 154 理论问题。计算机屏幕上显示的混沌不是对由方程所描述系统的混沌性质的自动证明;并且一个混沌系统的真实吸引子不必与电脑所显示的近似形式一样。

4.4 计算机辅助证明：阿佩尔与 哈肯的四色定理（1976）

1852 年，弗朗西斯·格思里（Francis Guthrie）在给英国地图涂色时，突然想到给任何一张地图涂色，似乎只需四种颜色就足够了。诚然，相邻区域必须涂上不同的颜色，并且两个国家之间的边界不应太简单或是太复杂。不应太简单意味着，例如，边界不能是一个点。否则，若所考虑的区域是像一片片馅饼那样布置的，我们将得到如下结论，有限种颜色是不够的。不应太复杂意味着，我们必须将有过多 V 字形凹痕的边界排除在外，因为有共同这样边界的区域［所谓的和田（Wada）湖，图 4.3］需要与区域数量一样多的颜色，这一数目可能会是任意大的[①]。

图 4.3 和田湖

---

① 找到有共同边界的两个区域是容易的：只需将平面用直线或是圆分成两部分。找到有共同边界的三个（或更多）区域是困难的，需要一个求极限的过程。让我们想象一下，假设有两个湖，一个绿色的和一个蓝色的，都位于一个被红海环绕的黑色岛屿上。首先建一个水渠将红色的水引到岛屿上，要求黑色的土地与红色的海水之间的距离不超过一米。然后建另一个水渠将绿色的 （转下页）

为了证明在上述限制条件下至少需要四种颜色,考虑图 4.4 中的布局　155
就足够了,该图上四个国家中的任意一个都与其他三个有共同的边界。奥
古斯都·德·摩根(Augustus de Morgan)证明了,对五个国家而言,不可能
其中每一个国家与其余四个都有共同的边界。但是这仅仅意味着我们不
能使用同样的论据作出如下结论,需要五种颜色。也不能得出结论,四种
颜色就足够了——这一点为许多业余数学家所深信不疑,他们在一个世纪
当中对四色猜想提出了许多有缺陷的证明。

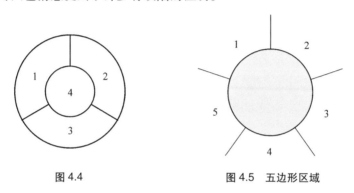

图 4.4 　　　　　　　　图 4.5 　五边形区域

1879 年,阿尔弗雷德·肯普(Alfred Kempe)出版了该定理的一个
证明,但在 1890 年珀西·希伍德(Percy Heawood)发现了其中的一个
错误,并评述说肯普的论据仅仅证明了五种颜色足够。该证明主要是
说明:(a)总会出现与其他至多五个区域有共同边界的区域,从如下
的意义上来说:每一张普通的地图(即,多于三个国家的边界有重合点
这种情况不存在)必须至少包含一个这样的布局;(b)包含不可避免
出现的区域的地图能化简成其他含有较少区域的地图,并且能涂上与
后者一样数量的颜色。

例如,如果一个区域至多是四边形的(即,如果该区域与至多四个其他

(接上页) 　水引到岛屿上,要求黑色的土地与绿色的湖水之间的距离不超过二分之一米。最后建第
三个水渠将蓝色的湖水引到岛屿上,要求黑色的土地与蓝色的湖水之间的距离不超过四分之一米。
现在改进这些水渠:修改第一个水渠使得黑色的土地与红色的海水之间的距离不超过八分之一米,
以此类推。在极限状态下,绿、蓝、红这三个区域将被一条有无穷小宽度的黑色边界——即,一条黑色
曲线——分开。

区域有共同的边界),那么通过将该区域收缩成一个点可以得到一张新地图(图 4.6)。如果这样得到的地图能涂上小于等于五种的颜色,那么最初的地图也能:对于变成一个点的区域来说,使用一种不同于边界区域的颜色(至多四种)就足够了。

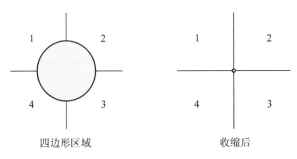

四边形区域　　　　　　　　　收缩后

图 4.6　收缩四边形区域

　　复杂一点的是五边形区域这种情况,或者说是与其他五个区域有共同边界的区域这种情况。通过将地图上由五边形区域与相邻两个区域(这两个区域彼此不相邻)组成的这一部分看作一个单独的区域,而得到一张新地图(图 4.7)。如果这张新地图能用至多五种颜色涂染,那么涂染最初的地图也不需要多加颜色:对于五边形区域而言,仅仅使用一种不同于四个剩余区域的颜色即可(已经变成一体的两个区域会有同样的颜色,但它们会被具有不同颜色的五边形区域分开)。

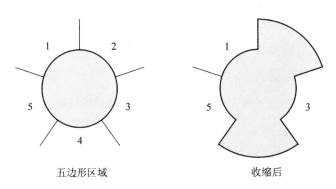

五边形区域　　　　　　　　　收缩后

图 4.7　收缩五边形区域

在四色的情形中,人们可以用相似的方式处理至多是三角形的区域, 157
且有一个技巧可以将四边形区域除去,但没法处理五边形区域。匆匆修补
肯普证明的所有努力,一方面导致了不可避免布局集合不断变大,另一方
面导致了简化布局集合变得更大。这证明了(由一百个区域构成的地图
的)四色猜想。但是就在 1976 年阿佩尔与哈肯发现了一个布局集,该集既
是不可避免的又是可化简的,这样就证明了该猜想(由一百个区域构成的
地图的)所有的推广。

　　阿佩尔与哈肯证明的有趣的地方甚至不是解决了问题本身(该问题解
的数学趣味相当有限),而是他们所应用的方法。1 482 个不可避免且可化 158
简布局是通过反复试验发现的,从一个由 500 个这样的布局构成的集合开
始,使用由计算机引导的交互式搜索法,耗费了 1 200 个机时(相当于五十
天连续不断的计算)。

　　由此,数学定理的证明第一次依赖于计算而不能用手工证实。当关于
该证明的论文呈交给《伊利诺伊数学杂志》(*Illinois Journal of Mathematics*)
时,这一结果接受了用不同程序在不同计算机上运行这样的核对。这引起
了一些哲学问题,因为计算机辅助证明与普通证明的类型不同。后者,人
们直接从直觉知识走向形式体系,而前者计算机程序扮演了一个中介的角
色。问题是,不仅我们不能知道程序是否正确形式化了直觉知识,而且根
据哥德尔定理,正确性的证明是有疑问的,就像在形式系统中的情形一样。

　　可能有一天该定理的这一特殊证明将得到根本性简化。但是取而代
之,四色定理也可能表现出某种病态(对不可判定形式系统而言很普通):
事实是应该存在这样的定理,它们的陈述简短,但是它们的证明可任意长,
例如,长度为 n 的定理,它们的最短证明的长度至少为 2^n。否则,系统则是
可判定的,因为对于判断一个长度为 n 的命题是否为一个定理而言,生成
所有长度至少为 2^n 的证明,然后检查是否其中的一个证明了该定理就足
够了。

　　因此人们不会感到不可思议,一方面简单命题是否需要复杂证明,另

一方面成千上万年的数学进展是否可能已经用尽了简短(并且有趣)证明 159 的集合。我们正在见证的可能是一个新时代的黎明,在这个新时代里,证明会不断地变长、变复杂。除了将这一工作分给许多数学家(就像有限群分类这一工作中所做的那样),或者将该任务的一部分分给计算机(就像在四色定理的证明中所做的那样)之外,对付这一问题似乎没有别的出路。

20 世纪最著名的计算机辅助证明就是我们已经讨论过的四色定理与开普勒猜想的证明。另一个与数学相关的例子是辅助证明推翻了下面的梅尔滕斯猜想。

1832 年,默比乌斯考虑了下面这样的数:在素数分解中每个因子的指数均为 1(即,每一个素因子仅出现一次)。他将因子个数为偶数的这样的数赋值为 1,而将因子个数为奇数的这样的数赋值为 -1,然后他将所有小于等于 n 的这样的数的赋值之和定义为函数 $M(n)$。1897 年,弗朗茨·梅尔滕斯(Franz Mertens)计算了函数 M 的前 10 000 个值并猜想,对所有的 n 来说, $-\sqrt{n} \leqslant M(n) \leqslant \sqrt{n}$。

这个问题似乎没什么趣味,但实际上梅尔滕斯猜想需要黎曼假设——我们将要看到,这是现代数学中最重要的未解决的问题。随着计算出来的函数 M 的值越来越大,似乎证实了梅尔滕斯的直觉,但是在 1983 年,赫尔曼·特·里尔(Herman te Riele)和安德鲁·奥德里兹库(Andrew Odlyzko)推翻了他的猜想,他们的计算机辅助证明广泛使用了克雷(CRAY)超级电脑。

4.5　分形分析：芒德布罗集（1980）

1906 年,黑尔格·冯·科赫(Helge von Koch)发现,存在面积为有限值而边界长为无穷大的平面区域。给定一个等边三角形,将每一边三等分,然后以每一边的中间的三分之一为底作一个新的等边三角形,并重复这一步骤无穷多次(图 4.8)。最终产生一个雪花形状的图形,它的面积为有限值,而边界长为无穷大(在每一步中边界长以 4/3 倍的速度增长)。 160

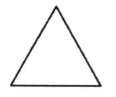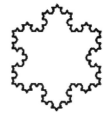

图 4.8　科赫曲线

由于定义上述图形的方法是对称迭代的,所以科赫的雪花形状图形的边界具有自相似性这一特性。如果互换这一方法的不同阶段中的任何两条线段——例如,最初三角形的一边与第一个阶段中的小三角形的一边互换——结果是极限曲线相同,仅尺度不同而已。

因为像科赫曲线这样的曲线,由于边界的长度为无穷大而不能用通常的方式度量,所以 1918 年,豪斯多夫提出,通过用下述方式推广维数的概念来度量它们的自相似度。任何一条线段都是一维自相似图形,可以通过将两条长度为其二分之一的线段放在一起而得到。同样地,任何一个正方形都是二维自相似图形,可以通过将四个边长为其二分之一的正方形放在一起而得到。任何一个立方体都是三维自相似图形,可以通过将八个边长为其二分之一的立方体放在一起而得到(图 4.9)。一般地,一个 d 维自相似图形,可以通过将 n^d 个边长为其 $1/2$ 的相似图形放在一起而得到。一条科赫曲线可以通过将 4 个边长为其 $1/3$ 的相似图形放在一起而得到(将

161 一条线段分成三部分,然后用两条长度与中间部分相等的线段代替中间部分),因此它的维数 d 满足 $4 = 3^d$,即 $d = \dfrac{\log 4}{\log 3} \approx 1.26$。

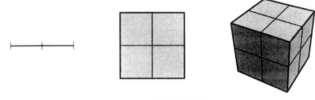

图 4.9　自相似图形

用上述方式定义的具有分数维数的图形,被称为分形(fractals),而且这种分形数目巨大。例如,对于每一个介于 1 与 2 之间的实数 r,存在一个 r 维分形曲线。类似地,存在介于 2 与 3 之间的实数维分形曲面。其中一个被称为门格尔海绵(Menger sponge)的分形曲面,可以用如下方法得到:从一个立方体开始,将其分成 27 个小立方体。然后去掉这些小立方体中位于中心位置的 7 个(面上的 6 个和内部的 1 个)。重复这一过程无限次(图 4.10),最终曲面的维数为 2.72(大约),而其所围立体的体积为 0。

由于在每一步中都应用了同样的作图方法,所以上述分形是非常整齐

图 4.10　门格尔海绵

的。由于这个原因，如果我们将其中的一小部分扩大，最终的像与整个图形具有同样的类型。还有其他的分形，在每一步中应用的作图方法不同，所以扩大其中的一小部分会产生与整个图形类型不同的像。

对第二种分形的研究始于 20 世纪 20 年代加斯顿·朱利亚（Gaston Julia）与皮埃尔·法图（Pierre Fatou）的工作，但是这一研究没有走得很远，由于所需的计算量很大，使得手工绘图非常困难。计算机的问世使得这一课题的复兴成为可能，而且计算机生成的精致的分形图像现在已成为名副其实的、高尚的现代艺术形式。 <!-- 162 -->

可以想到的分形的最简单的类型，除了基于对最初图形的线性修改而得到的，还包括了用二次方法得到的。1980 年，芒德布罗发现了用相当间接的方式定义的一种泛分形，即，从平面上任一点开始，用点的变换 $x^2 + c$（x 的值可以是复数，而不仅仅是实数），并反复应用这一变换。

如果 $c=0$ 有三种不同的情况：与起点的距离为 1 的点——即位于单位圆上的点——在这一变换下是不变的（因为 x^2 等于 x，当 x 等于 1 时）；位于单位圆内部的点，与起点的距离小于 1，向着起点移动（因为 x^2 小于 x，当 x 小于 1 时）；位于单位圆外面的点，与起点的距离大于 1，向着无穷远点移动（因为 x^2 大于 x，当 x 大于 1 时）。这样，有两个吸引区域，向着零与向着无穷远点，被圆形边界分开。

由于 c 的任意性，会出现下面几种情况：吸引区域的数量会改变；除了吸引区域，还会出现周期轨道区域；不同区域之间的边界是一条分形曲线，该曲线可以由一段、几段或者极大数量的分散点构成。

芒德布罗集由不同的 c 点构成，因此边界区域由一块组成，并且该集合的奇特外貌已经成为最著名的几何结构之一（图 4.11）。阿德里安·

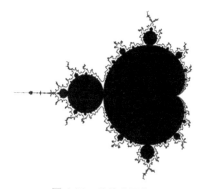

图 4.11　芒德布罗集

<!-- 163 -->

杜阿迪（Adrien Douady）与让·哈巴尔（Jean Hubbard）于 1985 年证明，集合本身由一块构成［用术语来说，就是连通集（connected set）］，后来约科证明，该集合每一个不在边界上的点完全由其一子集包围，该子集由一块组成［即，该子集是局部连通（locally connected）的］，其中的一个结果使得约科获得了 1994 年度菲尔兹奖。

与芒德布罗集有关的点 c 的位置决定了二次变换 $x^2 + c$ 的行为。1998 年度菲尔兹奖的获得者麦克马伦（C. McMullen）*强调了对这一特殊课题进行研究的重要性，他将与变换相配的点分离出来，这些点定义了双曲动力系统（即该系统所有的周期轨道都是圆），该系统特别有用，特别有名。

164　　尽管该定义非常特殊，但还是引起了相当数量的人对芒德布罗集的兴趣。这实际上是对复动力系统进行全面研究的一个参考系统，因为它不仅提供了关于二次变换的信息，而且还提供了关于在平面的某一部分上的任一类似二次变换的信息。

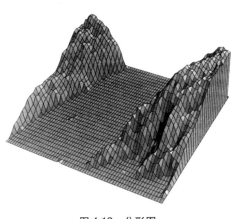

图 4.12　分形图

至于应用，分形被用于物体仿真，从海岸线到山脉，来展示多重尺度水平面这种结构，它们还被用于计算机制图，以提供这些物体的真实写照（图 4.12）。正是由于分形有着非常广泛的应用，芒德布罗被授予 1993 年度沃尔夫物理学奖，而不是沃尔夫数学奖。

＊　原文将 M 误印为 C。——译者注

第5章　未解问题

　　数学,如我们所希望表明的那样,本质上是一种生产问题和解决问题 165
的活动,这些问题可以是容易的或是困难的,肤浅的或者深刻的,理论的或
者实用的,纯粹的或者应用的。问题之多无穷无尽,这也因为问题的解决
常常是新问题的源泉。现在我们已经讨论了由希尔伯特问题产生的进展,
更一般来讲,讨论了 20 世纪的数学,我们可能非常想看一下未来的问题。

　　的确,正如希尔伯特问题所显示的,在看到一个问题解决之前,很难衡
量这个问题的难度。巴黎数学家大会刚一开完,马克斯·德恩就马上解决
了第三问题,甚至于在数学家大会会议录出版之前,这个解已经刊印发表。
同样,第七问题在 1929 年解决,尽管希尔伯特在十年之前曾设想,在 20 世
纪结束之前几乎不大可能获得解决。

　　然而,数学家认为他们表述的问题不仅是可解的,而且或早或迟总会
真正地解决。这就是希尔伯特在巴黎的演讲中说的"对于研究者来说,相
信每一个问题都有一个解答这种信念是一种强有力的激励。在我们的心
中我们听到永恒的召唤,这里有一个问题,让我们找到它的解答。我们单 166
靠运用理性就能找到它,因为在数学中,没有任何不可知"。

　　希尔伯特想知道,每个问题的可解性只是数学思维的独特之处,还是
头脑本性的更一般的规律。但是,他明显地讲到,对一个问题的可接受的
解答也应该存在于其不可解性的证明之中。他的第一个问题(关于连续统
假设的问题)与第十问题(关于丢番图方程解的存在性问题)结果都是这

类问题。

当然,在整个数学史当中都出现过否定解答的情形。由毕达哥拉斯学派发现的 $\sqrt{2}$ 的无理性无非就是给出一个证明:方程 $x^2 - 2 = 0$ 不可能拥有有理数解。19 世纪,数学家证明某些几何和代数问题不可解:例如,用圆规直尺化圆为方和三等分任意角等几何问题与大于四次的代数方程不能根式解等代数问题。但是,只有到 20 世纪,这种现象达到其临界质量,这也要归功于哥德尔定理所阐明的结果。

有了这样的提示——表面上看来有趣或可解的问题可能结果会令人失望或者不可解,我们这里提出几个数学中未解决的问题,从数学中最古老的未解决问题到一个最近的未解决问题,还有两个公认是最深刻的问题:黎曼假设和庞加莱猜想。

5.1　数论：完美数问题
（公元前 300 年）

数论充满了像费马大定理那样极其容易陈述但特别难于解决的问题。数学中最古老的未解决问题正好就是这样。　　　　　　　　　　167

公元前 6 世纪,毕达哥拉斯学派已经定义了完美数,完美数是其因子之和等于它本身的正整数,当然这里的因子不包括该数本身但包含数 1。例如,6 与 28 是完美数,它们的因子分别是 1,2,3 与 1,2,4,7,14。在公元 1 世纪,希伯来哲学家犹太人菲洛（Philo Judaeus）的《创世》（Ⅲ）中宣称,上帝在六天中创造世界正因为 6 是完美数,奥古斯丁（Augustine）在他著的《上帝之城》（Ⅺ,30）中对此表示赞成。

除了 6 和 28 之外,希腊人还知道 496 和 8 128 是完美数。第 5 个完美数 33 550 336 首次出现在 15 世纪一份德文手稿中,时至今日,已知大约只有 40 个完美数。大约公元前 300 年,欧几里得证明,如果 $2^{n+1}-1$ 是素数,则 $2^{n}(2^{n+1}-1)$ 是完美数（《几何原本》命题 Ⅸ 36）,这可以很容易地验证。但是,证明所有偶完美数正好就是欧几里得所发现的这种类型,那可就不那么容易了。这个证明是欧拉在 1737 年给出的,他用的方法和他用来证明素数有无穷多的方法一样,这个方法也与黎曼假设相关,这些发展我们后面还要提到。

因此,偶完美数与 $2^{m}-1$ 型素数密切相关,这种素数被称为梅森素数（Mersenne primes）。欧拉发现一种有效的方法来验证 $2^{m}-1$ 是否素数。这个方法基于费马小定理:如果 p 是素数,则 2^{p-1} 等于 p 个元素的循环群的单位元(即 2^{p-1} 模 p 同余于 1)。

按照费马的习惯,他只是陈述他的小定理,因而欧拉不得不给出一个证明。他 1737 年给出第一个证明,但在 1750 年他又回到这个主题。为了给出第二个证明,欧拉发展了同余理论(theory of congruence),或者具有素数个元素的循环群理论,这后来成为数论中最富有成果的工具之一。

168

时至今日,欧拉的检验法也用来在计算机上搜集大素数,在 20 世纪末,已知最大的(梅森)素数是前面提到的 $2^{6\,972\,593}-1^{*}$,由此可以得出已知最大的完美数。

正如著名的费马定理的情形一样,对完美数的研究也对近代数论中极其重要部分的发展做出贡献。但是,头一个大问题仍然没有解决:是否存在奇完美数。

假如答案是肯定的,那么从理论上讲,通过彻底的搜索(例如在计算机上)是可以找到一个例子的。然而,从实践上讲,这完全依赖于最小的奇完美数有多大。假如答案是否定的,那么,欧几里得和欧拉的结果就给完美数一个完美的刻画。

不管有没有奇完美数,我们还有第二个未解决问题:偶完美数的集合是有限的还是无穷的。或者这等于问,是否存在有限或者无穷多个梅森素数。

---

* 目前发现 48 个梅森素数,最大的一个是 $2^{82\,589\,933}-1$,但不知是否还有比它小的梅森素数未被发现。——译者注

5.2 复分析：黎曼假设(1859)

每一个整数,可以通过加法分解为每项均为 1 的和。与之相反,存在素数(prime number),它们不能通过乘法进行分解,也就是说,素数不容许除了自身和 1 之外的因子(或因数或约数)。因此,素数是整数世界的原子,对素数的研究好比对物理世界中基本粒子的研究。

在这个领域中,头一个意义重大的结果来自希腊人,他们证明每个数可以用唯一的方式表示为素数之积。他们还证明,素数序列是无穷的,即 169 使它们在所有整数的序列中越来越少见。

在欧几里得《原本》(IX, 20)中给出一个直接证明,证明素数有无穷多,但是欧拉在 1737 年给出一个惊人的间接证明。他这样论述,因为每个数是素数的乘积,当 n 变大时,所有素数可能的乘积其指数也增大到所有可能的指数。假如只存在有限多个素数,则和

$$1 + \frac{1}{2} + \frac{1}{3} + \cdots + \frac{1}{n} + \cdots$$

就会是有限的,因为它是有限多个形如

$$1 + \frac{1}{p} + \frac{1}{p^2} + \cdots = \frac{p}{p-1}$$

的几何级数的乘积。

但是,前面的和是无穷的,因为第三、第四两个分数和至少为 1/2,下面四个分数之和也是如此,同样再后面 8 个,再后面 16 个,如此等等。

从 1 到 100 有 25 个素数, 1 000 之内有 168 个素数, 10 000 之内有 1 229 个素数, 100 000 之内有 9 592 个素数。正如欧拉和高斯都观察到的那样, 这个分布以一种近似对数的方式减少, 其意思就是 10^n 以下的素数数目大约是 $10^n/2n$, 例如, 100 以内是 25, 1 000 以内是 167, 10 000 以内是 1 250, 100 000 以内是 10 000。一般来讲, 利用自然对数作为猜想, 我们可以把素数定理(prime number theorem)陈述为: 从 1 到 n 的素数数目, 当 n 趋于无穷时, 趋近于比

$$\frac{n}{\log n}。$$

170　1859 年, 当黎曼试图证明这个猜想时, 观察到这个问题与函数

$$\zeta(z) = 1 + \frac{1}{2^z} + \frac{1}{3^z} + \cdots + \frac{1}{n^z} + \cdots$$

的行为有关。

从上述欧拉的证明已经可以明显看出, 这个函数 ζ (称为黎曼 ζ 函数)与素数之间的联系, 不过它证明只是当 z 小于或等于 1 时 ζ 的值为无穷。因此, 黎曼把 ζ 函数由实数通过所谓解析开拓的技术推广到复数(从根本上讲, ζ 的值不是定义为部分和的极限, 而是定义为其均值的极限)。

ζ 函数具有无穷多非实数负零点, 也就是形如 $z = x + iy$ 的数, 满足 $y \neq 0$ 及 $\zeta(z) = 0$, 这些零点全都位于复数平面之中的带上, 其 x 值取在 0 与 1 之间。黎曼猜想, ζ 函数的所有零点处于一条直线上, 其 $x = 1/2$。这就是所谓黎曼假设(Riemann hypothesis), 这是近代数学最重要的尚未解决的问题。我们现在所知道的就是, 有无穷多零点位于这条直线上, 最初的几十亿零点也全都位于这条直线上, 这是哈代在 1914 年证明的。

要证明素数定理, 并不需要知道黎曼假设中提到的 ζ 函数的性质。事实上, 素数定理已经在 1896 年由雅克·阿达马(Jacques Hadamard)和查尔

斯·让·德·拉·瓦莱-普桑（Charles Jean de la Vallée-Poussin）所证明。他们的证明只是要求 ζ 函数没有零点定位在 $x=1$ 这条直线上。

这样一来，黎曼假设仍然未能解决，后来成为希尔伯特第八问题的一部分，第八问题还问到关于素数的其他问题，就像 1742 年提出的哥德巴赫猜想（Goldbach conjecture）和孪生素数猜想（twin primes conjecture）。哥德巴赫猜想断言：存在无穷多素数，其差为 2（例如 3 与 5, 10 006 427 与 10 006 429）。正如黎曼假设一样，这两个猜想至今仍然尚未得到证明。

希尔伯特还提出研究任意域上（理想）素数的行为。对于有限域上的代数曲线所关联的相应的 ζ 函数，埃米尔·阿廷（Emil Artin）在 1924 年提出一种形式的黎曼假设，这个假设在 1940 年到 1941 年由安德烈·韦伊（André Weil）证明，他是 1979 年沃尔夫奖的获得者。1949 年，韦伊提出他自己的猜想，这是有限域上多维代数流形的一种形式的黎曼假设，这个猜想后来被称为韦伊猜想。韦伊猜想在 1973 年为皮埃尔·德林（Pierre Deligne）所证明，他因这项成就获得 1978 年菲尔兹奖。德林的证明是通过使用格罗滕迪克在 1960 年代所引进的代数几何学中全套极端抽象技术（例如概形及 l 阶上同调）所获得的头一个重大成果。格罗滕迪克是 1966 年菲尔兹奖获得者。

表面上看这和经典数论中的问题与技术没什么关系，但并不意味着传统的问题被完全弃之不顾。例如由德林的结果可以推出拉马努金（Ramanujan）猜想，而这个猜想可以追溯到 20 世纪初。况且，德林所使用的方法同样使得法尔廷斯在 1983 年证明莫德尔猜想以及怀尔斯在 1995 年证明费马大定理。在费马和欧拉分别引进的算术方法和解析方法（费马引进无穷下降法，欧拉引进 ζ 函数）之后，20 世纪最后 25 年，通过代数和几何的技术见证了数论新方法的来临。

一旦一个数论问题通过解析方法或代数几何方法得到解决之后，我们就会问这些方法是否真的必要，或者说，反过来，是否能找到经典证明，也就是说，它不是建立在数论本身以外的概念的基础上。这种证明称为"初等的",这是从它们的逻辑复杂性观点来看的。逻辑复杂性不要同它们的数学复杂性混为一谈,因为使用更有局限性的方法通常是从更复杂的证明中得来的。

对于素数定理的情形,保罗·埃尔德什(Paul Erdös)和阿特尔·塞尔伯格(Atle Selberg)在 1949 年提供了该定理的初等证明,这使得塞尔伯格获得 1950 年的菲尔兹奖和 1986 年的沃尔夫奖。埃尔德什则获得 1983—1984 年度沃尔夫奖。至今还没有发现莫德尔猜想、拉马努金猜想与费马大定理的初等证明,一般认为这种证明将会过于冗长和复杂。

5.3 代数拓扑：庞加莱
猜想(1904)*

代数拓扑是通过代数方法研究拓扑性质,这种方法的第一个例子是曲面的欧拉示性数(Euler characteristic),它早在 1639 年已为笛卡儿所知,也在 1675 年为莱布尼茨所知,但只是在 1750 年才为欧拉再次发现并且发表出来。

它的出发点是这样一种观察,即给定任何凸多面体,其顶点数 V,其边数 E 以及其面数 F 之间有下面的关系成立:

$$V - E + F = 2。$$

例如,一个立方体有 8 个顶点,12 条边以及 6 个面,因此 $8 - 12 + 6 = 2$。

对于画在球面上的任何图,这个关系依然成立,这表明,实际上我们是 173 在讨论一种拓扑性质,如果一个橡皮的多面体,吹胀成为球面的形状,其边就构成球面上的一个图;反过来,如果我们把橡皮球面上画的图的面弄平,就得到一个多面体。

这种情形的有趣之处在于这样一个事实:$V - E + F$ 这个量只依赖于画图于其上的曲面的类型。如果曲面是球面加上 n 个环柄,这个量的值就是 $2 - 2n$,如果曲面是一个球面带上 n 个默比乌斯带,这个量的值就是 $2 - n$。举例来讲,球面的欧拉示性数为2,射影平面为1,环面及克莱因瓶为0。因此,对于给定的二维曲面,只需知道它是否可定向,再加上它的欧拉示性

数,就可以对曲面提供完整的刻画。

对于三维或更高维的曲面,庞加莱在 1895 年到 1900 年间发表的一系列论文中定义了一个相当的欧拉示性数概念,但是只有欧拉示性数不足以分类这些曲面。于是他想到更仔细地考察以前的结果,并且发现对应于任何二维曲面不只有一个数,还有基本群(fundamental group)。在选定曲面上某个固定点之后,可以考虑以该点为起点和终点的所有闭道路的集合(这些道路的合成就是把一条道路接在另一条道路上,单位元道路就是留在固定点永不离开的"道路";给定道路的逆道路就是以反方向通过相同点的道路)。

因为我们讨论的是拓扑性质,这些道路可以看成是画在橡皮上:两条
174 道路可以通过拉伸或收缩(而不遭到破损)相互变换本质上就是相同的。这种道路的同一化称为同伦(homotopy),因此,曲面的基本群称为一维同伦群。

球面的基本群是平凡的,因为球面上任何闭道路都可以收缩成一点。而且,球面是唯一的定向闭曲面,其基本群是平凡的,因为,假如曲面具有哪怕一条环柄,一条绕过这条环柄的道路就不能收缩成一点。因此,基本群足以把球面和其他可定向曲面区别开,更一般来讲,可以区分开所有不同的二维曲面。

庞加莱把基本群的概念推广到三维或更高维曲面上,并且希望这种推广会导致通过代数方法对这些曲面进行拓扑分类。然而,事情变得比期望的要复杂得多,现在我们知道,基本群不足以分类所有三维曲面。正因为如此,我们在前面已经提到过的瑟斯顿的分类就必不可少地不仅应用代数的概念,而且还有几何的概念,例如能定义在曲面支集上的所有可能的几何。

1904 年庞加莱表述一个猜想,它只针对超球面而不考虑任意曲面。他问道,超球面是不是唯一的可定向三维闭曲面,其基本群为平凡的。由瑟斯顿的三维曲面的刻画可以得出肯定的答案,不过,这个刻画还没有得到

证明,而且庞加莱猜想恰恰是完成这个证明的最大障碍之一。

有趣的是,假如我们把庞加莱猜想推广到任意维的球面上,唯一没有解决的情形恰恰是庞加莱原来所提的三维情形。对于五维或五维以上情形,庞加莱猜想实际上由斯梅尔于 1960 年所证明,他因此结果而于 1966 年获得菲尔兹奖(后来,斯梅尔成为谴责美国卷入越战最著名的美 175 国知识分子之一,加州大学一度停发他的工资)。至于四维球面,庞加莱猜想由弗里德曼对四维曲面的刻画推出,其方法类似于二维曲面的情形。

除了解法之外,证明庞加莱猜想的困难在于基本群中包含的信息实在是太有限了。为此,维托尔德·胡列维茨(Witold Hurewicz)在 1935 年对于 n 维球面引入同伦群(homotopy group)的无穷序列。基本群是这个序列中的第一个群,前 n 个群是同调群(homology group),它由考虑高维道路而不是一维道路得出,例如,不仅有弹性带张在球面上,而且还可以鼓胀或压扁的小橡皮球张在其上,如此等等。

关于 n 维球面上逐次的同伦群的基本结果是有限性定理(finiteness theorem),这定理是让-皮埃尔·塞尔(Jean-Pierre Serre)在 1951 年证明的。有限性定理是说,所有同伦群是有限群,除了 n 为偶数时 $(2n-1)$ 次同伦群之外,例如,二维球面的三次同伦群不是有限群。这个结果使塞尔获得 1954 年菲尔兹奖,也使他获得 2000 年沃尔夫奖。

事实证明,精确给定这些同伦群是十分复杂的。前两个同伦群是列夫·庞特里亚金(Lev Pontryagin)计算出的,同年罗赫林算出第三个,次年,塞尔算出第四个群。庞特里亚金为了进行他的计算必须确定出,在什么条件下,n 维紧曲面是某个 $n+1$ 维曲面的边界。他求出了必要条件,而托姆在 1954 年证明它也是充分条件。

由托姆这个结果,配边理论正式诞生,托姆由此获得 1958 年菲尔兹 176 奖。配边理论的两项最重大的应用也导致 1962 年和 1966 年的菲尔兹奖,一个是米尔诺的怪异球面定理,它可以重新表述为存在七维球面它不是球体的边界。另一个是阿蒂亚和辛格的指标定理。米尔诺和斯梅尔把配边推广成 h 配边（h 来自同伦），使得谢尔盖·诺维科夫获得 1970 年菲尔兹奖,他的工作是五维及五维以上微分流形的分类。

5.4　复杂性理论：P＝NP
问题（1972）

图灵对算法的定义把数值函数分成两类：可计算函数和不可计算函数，这种区分只是第一步近似，因为许多理论上可以计算的函数在实践上完全不能计算。例如，要是执行一个算法所需要的实践量比宇宙的寿命还长，或者只是比人一生的寿命还长。这个算法也不能认为是真正可以执行的，即使从原理上是可计算的。

因此，从实用的角度看，我们必然只考虑那些执行起来足够快速的算法。1965 年，埃德蒙兹（J. Edmonds）及科巴姆（A. Cobham）提出来，作为第二步近似，对算法再次区分，即可以在多项式时间执行的算法与不能在多项式时间内执行的算法。执行的时间是通过步数来衡量，步数指在计算机上实施计算的步数。多项式的变化对应于算法所运算的数据的大小，例如它的长度。假如对 10 位数进行运算，二次算法就要求计算步骤不超过 100 步，对 100 位数进行计算，计算步骤不超过 10 000 步，如此等等。

当然，一个算法的执行时间严重地依赖于实施算法所用的计算机的类型和计算能力。结果或许很令人吃惊，如果在某个特殊的计算机上，一个给定的算法能够以多项式时间来运行，那么在任何其他计算机上也可以以多项式时间来运行，换句话说，各种计算机类型和它们不同的装配对运算执行时间的影响只是差一个多项式因子，它与多项式时间运算结合在一起并不改变算法的（多项式时间）性质。因此一个算法可在多项式时间执行是算法的内在特性，而不是一个偶然的特征。

177

在我们以前已谈到过的算法中,单纯形法是非多项式算法,如果给出的数据趋于无穷,要想得出一个解答需要指数多时间。这并不意味着线性规划问题不能在多项式时间求解,只是由单纯形法提供的特殊解不是多项式时间解。事实上,1979 年哈奇扬(L. G. Khachian)找到另一种算法——椭球法,它可以在多项式时间中求解线性规划问题。

存在多项式时间求解的问题类用 P 表示。1972 年,斯蒂芬·库克(Stephen Cook)、理查德·卡普(Richard Karp)、利奥尼德·莱文(Leonid Levin)发现可能比 P 问题大的一类问题,通常称为 NP 问题。NP 问题,虽然不一定必然用多项式时间可解,但"几乎"具有这种性质,也就是说,对于任何候选的解,可以在多项式时间内验证它到底是不是一个解。因此 P 与 NP 的区别在于:一个问题属于第一类 P 类,则必定存在一种方法,在多项式时间内可求出解来,而属于第二类的问题,只需存在一个方法,它能在多项式时间验证问题的解。

178　　我们不难相信求出一个解远比验证它是否为解困难得多。例如,验证某一给定电话号码真正是某一个人的电话号码并不难,这只需在电话本上查一查这个人的姓名和他的电话号码就够了。但是,给定一个电话号码,查出有这个电话号码的人就困难了,因为这就要求对整个电话本从头到尾进行彻底的搜索。

我们再举一个更数学的例子,验证

$$4\ 294\ 967\ 297 = 641 \times 6\ 700\ 417,$$

小孩都会,可是要把左边的数因子分解成右边的两个数就需要欧拉的天才或者计算机的威力。因子分解问题正好是 NP 中的一个问题,因为验证两个给定的数是否第三个数的因子并不难,但是,还不知道这个问题是否属于 P,也就是说,是否存在一个更快的方法来检验一个数是合数或者素数(已知如果黎曼假设成立,则这种方法存在)。

后面这个事实正好是公开密钥密码术的基础,其一般的思想如下:发送者和接收者双方都掌握一个非常大的整数,它作为个人(秘密)编码和解码的密钥。发送者要发送一条消息 m 给接收者,就用他或她自己的钥 c 给消息编码,从而把 m 变成 mc 编码,把它变成 mcd,然而把它发回到发送者。发送者用 c 对 mcd 解码,然后把 md 发回接收者,接收者最后用 d 解码,恢复原来的消息 m,这个方法的有效性在于如下的事实:对消息的双重解码要求求出非常大的数的因子,这个任务只有在知道密钥时才能迅速完成。这个方法的缺失在于,它要求发送者及接收者双方都进行两次的编码及解码。

　　这个障碍可以通过使用公开密钥密码术绕过去,它基于类似的但是更　179复杂的思想,在网络中每个通信者都掌握两个非常大的整数作为密钥:一个是 c(编码密钥),这是公开的,一个是 d(解码密钥),它是保密的。发送者要把消息 m 发给接收者,就用公共密钥 c 为它编码,把 m 变成 m^c,而接收者接到 m^c 后,就用他或她的密钥 d 来解码,把 m^c 变成 $(m^c)^d = m^{cd}$。要成功把消息解码,最后的消息必须就是原来的消息,也就是 cd 必须等于 1。虽然这实际上是不可能的,但费马小定理保证,给定两数 pq,如果 cd 模 $(p-1)\cdot(q-1)$ 等于 1,则 m^{cd} 模 pq 等于 m。这个方法的有效性来源于这样一个事实:为了要把消息编码及解码,只需要知道乘积 pq,而这个消息也是公开的。但是,由编码密钥求出解码密钥 d 要求有关 $(p-1)(q-1)$ 的指示,这可从 pq 的分解中得出。但这种分解并不能很快地实施。

　　一般来讲,成千上万的有理论和实际意义的问题已知属于 NP 类,而不知道它们是否也属于 P。与我们已讨论过的问题有关的这类问题有:命题公式的可满足性、二次丢番图方程整数解的存在性和用三种颜色为地图涂色的可能性。变分法中一个问题的实例是施泰纳(Steiner)问题,在某些情况下可用肥皂泡得出经验解,给出一个地图,把城市用道路连接,使得道路网络的总长尽可能地短(用肥皂泡得出的解是局部最优的,但不总是全　180局最优的),一个类似的而且由于无数的实际应用而非常著名的例子是流动推销员问题:给定一张地图,其中有一些城市通过道路相连,求一条具有最小长度的道路,它通过每一城市只有一次。

库克、卡普和莱文所作出一个惊人的发现是:所有这些问题(因子分解问题可能是唯一的例外)以及在纯粹数学和应用数学中成千上万的其他问题本质上都是等价的,也就是说,这些问题中,如果能对其中一个问题求出多项式时间解,那么就意味着对所有问题都能求出多项式时间解,这是由于这样的事实:它们中任何两个问题之间存在多项式时间的"翻译"。由于这个结果,库克和卡普分别于 1982 年和 1985 年荣获图灵奖。可另一方面,莱文作为一位持不同政见者,最终被捕入狱,由于柯尔莫哥洛夫的讲情,他获得释放,并离开苏联移居国外。

对于上面这些由库克、卡普和莱文所确认的等价问题中的任何一个,要想求出一个多项式时间解,或证明不存在这样的解,直到今日看来都是不可能完成的任务。因此,P 类与 NP 类是否同一类这个问题一直是一个挑战,它可以认为是理论计算机科学中最著名的尚未解决的问题。

为了用纯数学术语来描述这个问题,回想希尔伯特 1890 年著名的零点定理,它给出了含有有限个方程的复系数多项式方程组有解的充要条件。1987 年戴尔·布朗威尔(Dale Brownawell)证明这个问题有指数时间解,但还不知道它是否有多项式时间解。但若要求这些方程的系数和解为有理数(甚至是 0 和 1),则该问题存在多项式时间解的充要条件是 P = NP。这样,从希尔伯特重要思想来看——同样的思想渗透在这个问题中,可以说我们的故事落下了帷幕。

结束语

　　我们的 20 世纪数学旅程已经到达终点,现在是评述其各个阶段的时候了。我们的叙述不按时间顺序,采用美术拼贴式的特点或许要求读者从互补的角度来看问题,而这会使我们聚焦于整个框架的主要线索。我们下面用时间表的形式把它们列出来。

　　问题与猜想。

　　首先,我们有一系列的问题与猜想,它们引出求解它们的故事,以下是其中最重要的一些。

公元前 300 年	欧几里得	完美数
1611	开普勒	球的极大密度构形
1637	费马	$x^n + y^n = z^n$
1640	费马	$2^{2^z} + 1$ 型的素数
1742	哥德巴赫	偶数表为两素数之和
1847	普拉托	极小曲面
1852	格思里	只用四种颜色为地图着色
1859	黎曼	ζ 函数的零点
1883	康托尔	连续统假设
1902	伯恩塞德(I)	有限生成的周期群
1904	庞加莱	超球面的刻画
1906	伯恩塞德(II)	奇阶单群

1922	莫德尔	有无穷多有理解的丢番图方程
1928	希尔伯特	一阶逻辑的可判定性
1933	罗宾斯	布尔代数的公理化
1949	韦伊	有限域的黎曼假设
1955	谷山	椭圆曲线的参数化
1962	沙法列维奇	模素数的方程约化
1972	库克,卡普,莱文	$P = NP$
1979	康韦,诺顿	月光猜想

希尔伯特在 1900 年提出的问题也是我们的故事的两条主导线索,这里把在书中提到的问题列成下面另一个表。

第一问题	连续统假设
第二问题	分析的协调性
第三问题	四面体的分解
第四问题	各种几何中的测地线
第五问题	局部欧氏群和李群
第六问题	概率论及物理学的公理化
第七问题	e^{π} 及 $2^{\sqrt{2}}$ 的超越性
第八问题	黎曼假设,哥德巴赫猜想
第十问题	丢番图问题的解
第十八问题	晶体群,开普勒问题
第十九问题	变分问题的解的解析性
第二十问题	变分问题的解的存在性
第二十三问题	变分法

我们论述的另一条主导线索是菲尔兹奖和沃尔夫奖获得者的工作。对于他们中的大多数,我们试图把注意力引向他们最重要的结果。对于菲尔兹奖获得者,我们提到过下列人物。

1936	道格拉斯	普拉托问题

1950	施瓦兹	广义函数论
1950	塞尔伯格	素数定理
1954	小平邦彦	二维代数流形的分类
1954	塞尔	n 维球面的同伦群
1958	罗斯	无理代数数的有理逼近
1958	托姆	配边理论
1962	赫尔曼德尔	亚椭圆算子
1962	米尔诺	7 维球面的怪异结构
1966	阿蒂亚	K 理论,指标定理
1966	科恩	连续统假设的独立性
1966	格罗滕迪克	概形, l-进上同调
1966	斯梅尔	大于等于 5 维的庞加莱猜想
1970	贝克尔	林德曼和盖尔芳德定理的推广
1970	广中平祐	代数流形的奇点解消
1970	谢尔盖·诺维科夫	维数大于等于五的微分流形的分类
1970	汤普森	第二伯恩赛德猜想
1974	邦别里	数论,极小曲面
1978	德林	韦伊猜想
1983	孔涅	冯·诺伊曼算子代数
1983	瑟斯顿	三维曲面的分类
1983	丘成桐	卡拉比-丘流形
1986	唐纳森	四维空间的怪异结构
1986	法尔廷斯	沙法列维奇猜想与莫德尔猜想
1986	弗里德曼	四维流形的分类
1990	琼斯	纽结不变量
1990	威滕	超弦理论
1990	森重文	三维代数簇的极小纲领

1994	布尔甘	巴拿赫空间的希尔伯特子空间
1994	约科	KAM 定理,芒德布罗集
1994	齐尔曼诺夫	狭义第一伯恩赛德猜想
1998	博尔切兹	月光猜想
1998	高尔斯	(非)对称巴拿赫空间
1998	康采维奇	纽结不变量
1998	麦克马伦	芒德布罗集

我们提到过的沃尔夫奖获得者如下。

1978	西格尔
1979	韦伊
1980	柯尔莫哥洛夫
1982	惠特尼
1983—1984	埃尔德什
1984—1985	小平邦彦
1986	艾伦贝格,塞尔伯格
1988	赫尔曼德尔
1989	米尔诺
1990	德·乔尔奇
1992	汤普森
1993	芒德布罗(物理学奖)
1994—1995	莫泽
1995—1996	朗兰兹,怀尔斯
2000	塞尔

除了数学家的工作,我们至少还顺便引用了一些计算机科学家的工作,他们都获得过他们所在领域的最高荣誉,即图灵奖。

1969	明斯基	人工智能
1971	麦卡锡	人工智能

1975	纽厄尔	人工智能
1976	斯科特	λ 演算语义学
1982	库克	复杂性理论
1985	卡普	复杂性理论

最后,某些应用数学的工作直接与下面的结果有关,这些结果使这些科学家或另外一些人获得各个领域的诺贝尔奖。

1932	海森伯	物理学	量子力学
1933	薛定谔	物理学	量子力学
1962	克里克和沃森	生理学或医学	DNA 结构
1969	盖尔曼	物理学	夸克的对称性
1972	阿罗	经济学	社会选择,一般均衡理论
1975	康托洛维奇 和库普曼斯	经济学	线性规划
1976	普里戈金	化学	耗散系统动力学
1979	格拉肖,温伯格 和萨拉姆	物理学	电弱力的对称
1983	德布鲁	经济学	一般均衡
1994	纳什	经济学	博弈论

参考文献

For General Readers:

Lang, Serge. *The Beauty of Doing Mathematics.* Springer-Verlag, 1985.

Dieudonné, Jean. *Mathematics — The Music of Reason.* Springer-Verlag, 1992.

Devlin, Keith. *Mathematics: The New Golden Age.* Columbia University Press, 1999.

Tannenbaum, Peter, and Robert Arnold. *Excursions in Modern Mathematics* Prentice Hall, 1995.

Stewart, Ian. *From Here to Infinity: A Guide to Today's Mathematics.* Oxford University Press, 1996.

Casti, John. *Five Golden Rules: Great Theories of 20th-Century Mathematics, and Why They Matter.* Wiley, 1996.

——*Five More Golden Rules: Knots, Codes, Chaos, and Other Great Theories of 20th-Century Mathematics.* Wiley, 2000.

Mathematical Intelligencer, a magazine of mathematical popularization published every three months by Springer-Verlag, New York (175 Fifth Avenue, New York, NY 10010).

For Advanced Readers:

Kline, Morris. *Mathematical Thought from Ancient to Modern Times.* Oxford University Press, 1972.

Browder, Felix, ed. *Mathematical Developments Arising from Hilbert Problems.* American Mathematical Society, 1976.

Halmos, Paul. "Has Progress in Mathematics Slowed Down?" In *American Mathematical Monthly* 97(1990): 561 – 588.

Casacuberta, Carles, and Manuel Castelet, eds. *Mathematical Research Today and Tomorrow Viewpoints of Seven Fields Medalists.* Springer-Verlag, 1992.

Pier, Jean-Paul, ed. *The Development of Mathematics, 1900 – 1950.* Birkhauser, 1994.

Kantor, Jean-Michel. "Hilbert's Problems and Their Sequel." In *Mathematical Intelligencer* 18(1996): 21 – 30.

Monastyrsky, Michael. *Modern Mathematics in the Light of the Fields Medals.* AK Peters, 1997.

Atiyah, Michael, and Daniel Iagolnitzer, eds. *Fields Medalists' Lectures.* World Scientific, 1997.

Smale, Stephen. "Mathematical Problems for the Next Century." In *Mathematical Intelligencer* 20(1998): 7 – 15.

Pier, Jean-Paul, ed. *The Development of Mathematics, 1950 – 2000.* Birkhauser, 2000.

Arnol'd, Vladimir, Michael Atiyah, Peter Lax, and Barry Mazur, eds. *Mathematics Tomorrow.* International Mathematical Union, 2000.

索 引

172

M

N

O

Z

译后记

　　《数学世纪》原文为意大利文,于2000年在意大利出版,2004年由圣加利(A. Sangalli)译成英文,是一本介绍20世纪数学难得的好书。本书的作者是位逻辑学家,把本书的英译本赠送给我国著名的数理逻辑学家杨东屏教授。2006年杨东屏教授回国时,把这本书介绍给我,希望我将它译成中文。因为本书涉及纯粹数学、应用数学、计算数学、计算机科学等几乎所有的数学分支,涉及的数学家也逾百人,因此,翻译这本书有相当的难度。几年来,本人虽然尽力,无奈年老体衰,进展甚缓。在此情形下,不得不邀请胡俊美博士和于金青硕士二人帮忙。本书第2.12,3.0(第3章引言),3.1,3.2,3.3,3.4,3.5,3.6等节为胡俊美所译;第2.5,2.9,2.10,3.7,3.8,3.9,3.10,4.1,4.2,4.3,4.4,4.5等节为于金青所译;其余均为本人所译。译稿完成后,本人对胡俊美和于金青的译文初稿进行了认真的校对,并对人名及专业词汇进行了统一。原书中的错误也由本人做了改正或加注,近10年与本书内容有关的一些数学进展也由本人在书中加注,因此全书译文由本人完全负责。

　　本书得以启动,应感谢杨东屏教授的盛情邀请及不断督促,在翻译过程中,感谢河北师范大学校长数学文化项目的大力支持。

　　本书得以出版,感谢责任编辑田廷彦和静晓英的精心工作以及上海科学技术出版社的重视。

胡作玄